Dipl. WI Alexander Pfannstiel M.Ed.

Entwicklung einer duplizierbaren
Minimum-Input-Startup-Strategie
zur Aktivierung einer modularisiert aufgebauten Selbsterhaltungskommune auf Basis eines Worst-Case-Umfeldszenarios am Beispiel einer autarken und verwüsteten Dritte-Welt-Küstenregion in Afrika

1. Auflage August 2017

Autor: © 2017 by Dipl. WI Alexander Pfannstiel M.Ed.
Kontakt zum Autor: Buchanfrage@Alexander-Pfannstiel.de

© 2017 Herstellung und Verlag: BoD – Books on Demand, Norderstedt
ISBN: 9783744887540

Das vorliegende Werk ist mit all seinen Teilen urheberrechtlich geschützt. Die Verwertung des Buches ist ohne die ausdrückliche Zustimmung des Autors nicht zulässig. Insbesondere sind die Weitergabe, die Übersetzung, die Vervielfältigung sowie sonstige Arten der Verbreitung ausgeschlossen.

Inhaltsverzeichnis

Inhaltsverzeichnis III

Abbildungsverzeichnis V

Tabellenverzeichnis VI

Anhang VII

Abkürzungsverzeichnis VIII

1. Einleitung 10

   1.1. Motivation und Zielbestimmung 10

   1.2. Herangehensweise und Basisannahmen zur Strategieentwicklung 12

   1.3. Paradigmenwechsel zur Unterstützung verarmter Regionen 18

2. Analyse eines rahmensetzenden Worst-Case-Szenarios 21

   2.1. Ausgangsszenario einer autarken Dritte-Welt-Küstenregion 21

   2.2. Untersuchung der Erfolgsfaktoren einer Selbsterhaltungskommune 25

3. Entwicklung einer modularisierten Startup-Selbsterhaltungskommune 30

   3.1. Das Wesen einer privatwirtschaftlich modularisierten Kommune 30

   3.2. Gesellschaftliche Gesichtspunkte und Steuerung 37

   3.3. Einsatz geeigneter Technologien und Verfahren 38

   3.4. Expansive Kräfte auf dem Weg zu einer nachhaltigen Output orientierten Selbsterhaltungskommune 45

4. Die Minimum-Input-Startup-Strategie 49

   4.1. Charakterisierung der Minimum-Input-Startup-Strategie 49

4.2. Zeitlich strukturierte Schrittabfolge zur Strategieumsetzung 54

4.3. Initialisierungsaufwendungen und der Minimum-Input-Faktor 59

4.4. Vorteile und Nutzen 67

5. Risiken zur Anwendung einer Minimum-Input-Strategie 69

5.1. Die Selbsterhaltung und externe Einflussfaktoren 69

5.2. Interne Risikofaktoren 70

5.3. Übertragbarkeit der Minimum-Input-Strategie 72

6. Resümee und Ausblick 75

7. Literaturverzeichnis 78

8. Anhang 84

Abbildungsverzeichnis

Abbildung 1: Felder im perspektivischen Nachhaltigkeits-Dreieck. 17
Abbildung 2: der Einkommensindex in Bezug zum HDI 24
Abbildung 3: Szenario-Planungsregion von Eritrea 25
Abbildung 4: Gemeindehauptcluster und Teilcluster 31
Abbildung 5: Modulteilbetrachtung 33
Abbildung 6: Zielniveaus der Startup-Phase einer Selbsterhaltungskommune 43
Abbildung 7: Verortung des Einsatzbereiches der MIS-Strategie 52
Abbildung 8: Anwendung der MIS-Strategie innerhalb der Startup-Phase 53
Abbildung 9: Maslowsche Bedürfnishierarchie 55
Abbildung 10: Proposed definition of elegance 57
Abbildung 11: Exemplarische Startup-Kommune in Eritrea (stark vereinfacht) 64

Tabellenverzeichnis

Tabelle 1: Mindestbestandteile von Selbsterhaltungsgemeinschaft 36
Tabelle 2: Ablauf des Aufbaues einer Selbsterhaltungskommune (verkürzt) 58
Tabelle 3: Phasenbezogene Initialisierungsaufwendungen 60

Anhang

Anhang 1: Technologiebaum der Wirtschaftssimulation Age of Empires 84
Anhang 2: Technologiebaum der Wirtschaftssimulation Rise of Nations 85
Anhang 3: Klosterplan von St. Gallen aus dem Jahr 820 86
Anhang 4: Klostergebäude von St. Gallen aus dem Jahr 820 88
Anhang 5: Ablauf des Aufbaues einer Selbsterhaltungskommune (ausführlich) 90

Abkürzungsverzeichnis

aktual.	Aktualisiert
Bd.	Band
BMBF	Bundesministerium für Bildung und Forschung
bspw.	beispielsweise
Ed.	Herausgeber (engl.)
engl.	Englisch
erw.	erweitert
et al.	und andere
f.	folgend
ff.	fortfolgend
GDP	Gross domestic product
ggf.	gegebenenfalls
HDI	Human Development Index
High-Tech	Hochtechnologie
insb.	insbesondere
IO	Input/Output
LDC	Least Developed Countries
Low-Tech	Einfache Technologie
MI-Faktor	Minimum-Input-Faktor
MISS	Minimum-Input-Startup-Strategie
MIS	Minimum-Input-Startup
Plan-MW	Plan-Modulwirtschaft
SWOT	Strengths, Weaknesses, Opportunities, Threats
t	Zeit

u.a.	unter anderem
UNCED	United Nations Conference on Environment and Development
UNDP	United Nations Development Programme
URL	Uniform Resource Locator
vgl.	vergleiche
z.T.	zum Teil

Vorbemerkung:

Das Gender Mainstreaming-Prinzip wurde berücksichtigt. Im dem vorliegenden Werk werden die männliche und weibliche Form jedoch nicht durchgehend ausgeschrieben. Dies geschieht allein aus Vereinfachungsgründen.

1. Einleitung

1.1. Motivation und Zielbestimmung

Zentrale Herausforderungen der Dritten Welt sind allgegenwärtig und können nicht mehr mit reiner Entwicklungshilfe gelöst werden. Tagtäglich kommen neue Berichte über Flüchtlinge, die aus unterschiedlichsten wirtschaftlichen, gesellschaftlichen und ökologischen Gründen nach Deutschland kommen. Neue mutige Ansätze, Methoden und Strategien zur Problembewältigung sind weltweit in den betroffenen Gebieten notwendig. Die vielschichtigen Herausforderungen können nur ganzheitlich und verantwortungsvoll gelöst werden. Dem Autor ist es deshalb wichtig, Verantwortung gegenüber der Gesellschaft und insbesondere auch der Natur zu übernehmen und mit dem vorliegenden Werk zu Verbesserungen, insbesondere bei den ärmsten Staaten, beizutragen.

Afrikanische Dritte Welt-Staaten waren in der Vergangenheit und sind noch heute zu einem großen Teil von Entwicklungshilfe abhängig. „Annual gross aid flows were on average equivalent to 13 percent of GDP during 1980 – 2003 (the median was 11 percent of GDP). Twelve countries received aid equivalent to more than 20 percent of GDP."[1] Hinzu kommt exemplarisch am Beispiel japanischer Entwicklungshilfe: „aid in Africa was predominantly for social sector projects, budgetary support and program assistance. […] In 2000, infrastructure and real sector projects comprised only 21 percent of total (excluding debt relief) […]."[2] Der Rest wurde für Soziales (70%) und

---

[1] Hino/Limi (2008, S. 11).
[2] Ebd. (2008, S. 12).

Notfallhilfe (10%) ausgegeben, wodurch jedoch keine Langzeitverbesserung bewirkt wurde. Die Evaluierung der Entwicklungshilfe in den 90er-Jahren hat ergeben, dass Entwicklungshilfe, welche im Rahmen gesamtstaatlich struktureller Anpassungsprogramme vergeben wurde, tendenziell sogar kontraproduktiv gegenüber Entwicklungshilfezahlungen ohne 'good policy' Strukturanpassungsprogramme von Weltbank/IMF.[3]

Für die Minimum-Input-Startup-Strategie (MIS-Strategie) lässt sich daraus ableiten, dass Infrastrukturmaßnahmen tendenziell förderlich für die kommunale Entwicklung sind und gesamtstaatliche Strukturanpassungsprogramme der Kommune potentiell schaden. Weiterhin ergeben sich kommunale Abhängigkeiten im Zusammenhang mit Entwicklungspolitik, welche es innerhalb der MIS-Strategie zu beseitigen gilt.

Das Ziel der gegenständlichen Master-Thesis ist eine operativ wirksame Startup-Strategie mit dem ökonomischen Effekt einer effizienz- und reflexionsbasierenden, expansiven Selbsthilfemultiplikation sowie einer portierbaren Lösungsstrategie. Diese soll zur Initiierung eines nachhaltigkeitsbasierten eigendynamisch gesteuerten Aufbau- und Entwicklungsprozesses autarker Worst-Case-Regionen beitragen. Zentraler Bestandteil ist in diesem Fall eine zu aktivierende modularisierte Prozessgenerierung, welche zur Abdeckung kommunaler Bedürfnisse im Kontext der Nachhaltigkeit kreislauffördernd wirkt. Daran anknüpfend soll die Strategie der Prämisse der Duplizierbarkeit unterliegen und mit minimalen Mitteln aktiviert werden können. Das Anwendungsfeld einer solchen Startup-Strategie wird als autarkes System im Sinne einer unabhängigen lokalen Wirtschaftseinheit verstanden, welche weder importiert noch exportiert.

---

[3] Vgl. Hino/Limi (2008, S. 13f, S. 31).

Typischerweise sind Entwicklungshilfe-Ansätze nicht im ganzheitlichen Sinne zu verstehen, sondern fokussierend, aufgrund der geringen Entwicklungshilfegelder, auf einige ausgewählte Zielbereiche. Demgegenüber soll angestrebte Startup-Strategie als ganzheitliches kommunales Lösungskalkül verstanden werden.

Ein ganzheitlicher Strategie-Ansatz, initiiert durch kostengünstige Micro-Prozesse bzw. auch einfache Nachhaltigkeits-Technologien. In signifikant vielen Projekten hat sich gezeigt, dass nicht die Höhe der Entwicklungsgelder entscheidend ist, sondern die innere Antriebskraft der Replizierbarkeit von nachhaltig sich selbsttragenden Prozessen, Strukturen und Einrichtungen. Für die innere Antriebskraft selbsttragender Institutionen sind insbesondere die Potentiale der Bevölkerung aber auch der lokalen Faktorgegebenheiten zu berücksichtigen. Dazu zählt unter anderem der Bildungsstand, der technologische Entwicklungsstand sowie weitere Parameter.

1.2. Herangehensweise und Basisannahmen zur Strategieentwicklung

Für die Entwicklung einer situationsabhängigen Startup-Strategie eignet sich die Einbeziehung einer systematisch rahmengebenden praxisnahen Worst-Case-Szenario-Situation. Sie ist an einer Welt-Worst-Case-Küstenregion als Status quo orientiert und bildet die Basis, auf welcher die Strategieentwicklung praxisnah aufbauen kann. Vorab sind jedoch rahmengebende Auswahlfaktoren für potentielle Strategie-Einsatzgebiete zu betrachten. Es folgt somit einführend eine allgemeingültige Grundsatzbetrachtung von Basisannahmen und Ausgangsbedingungen. Daran anschließend folgt eine Grundsatzbetrachtung von zu erreichenden strategischen Zielen.

Als Einsatzgebiet der MIS-Strategie erscheint die Dritte Welt geeignet, da es sich um eine Minimum-Input-Strategie handelt, welche besonders verarmten Regionen zugutekommt.

Der ursprünglich im Zusammenhang mit dem Kalten Krieg politisch motivierte Begriff der Dritten Welt (blockfreie Staaten), welcher auf der Ost-West-Systemkonkurrenz basiert, hat sich mit den Strukturveränderungen der Weltpolitik und dem Ende des kalten Krieges zu einem Synonym für Entwicklungsländer entwickelt.[4] Weiterhin wurden Teile der Dritten Welt nachträglich zu einer Vierten Welt abgegrenzt, welche im Rahmen dieses Werkes als Teil der Dritten Welt verstanden wird und als potentieller Anwendungsraum in Betracht kommt. Grundsätzlich ist damit der Einsatz der MIS-Strategie in den Least Developed Countries (LDC) der Welt gemeint.[5]

Worst-Case-Szenario-Situation

Die MIS-Strategie soll in schwierigen geologischen und ökologischen Lebensräumen zum Einsatz kommen, um auf vorgegebene Ökosysteme einzuwirken und neuen Lebensraum zu schaffen. Das Einsatzgebiet beschränkt sich konsequenterweise auf nicht bewohnte Gebiete, in welchen eine autarke Selbsterhaltungskommune zu entwickeln ist. Beschränkt wird das Einsatzspektrum durch Ausnahmesituationen, wie z.B. Krieg, Naturkatastrophen oder Umweltverschmutzung. Überregionale und regionalspezifische Risiken werden bei der Minimum-Input-Strategie nicht explizit berücksichtigt, da es sich um lokalübergreifende Vorgänge handelt und die MIS-Strategie für die lokale Ebene konzipiert werden soll und zusätzlich keine Ausnahmenbetrachtung vorgenommen werden soll, da die Gemeinde globale Einflüsse aufgrund ihrer Größe überwiegend nicht beeinflussen kann. Von zentraler

---

[4] Vgl. Nuscheler (2012, S. 71).
[5] Vgl. Ebd. (2012, S.73). Auf der UN-Vollversammlung 1971 wurden die am wenigsten entwickelten Länder = Least Developed Countries anhand eines Kriterienkataloges spezifisch festgelegt.

Wichtigkeit sind hingegen die lokalspezifischen Annahmen. Dazu gehören die folgenden Punkte:

- eine über alle Altersgruppen hinweg gleichverteilte Bevölkerung
- geringer ausgeprägter Bildungsstand mit hoher Alphabetisierungsquote
- hohe Geburten- und Kindersterblichkeit, geringe Lebenserwartung
- niedriges GDP per capita, geringes Einkommen
- kein unmittelbar nutzbarer Boden (z.B. Wüste) und keine Rohstoffe
- kein Süßwasser, kein nutzbares Grund-, Quell- oder Flusswasser

Nicht Gegenstand der Betrachtung sind auf lokaler Ebene explizit politische, überregionale sowie sonstige extern einwirkende Einflussfaktoren. Somit liegt eine Worst-Case-Annahme zugrunde, welche die denkbar ungünstigste Ausgangslage für eine produktive Tätigkeit aufgrund unzureichender Produktionsfaktoren darstellt.

Der Lebensraum- und die Ökosystementwicklung

Grundannahme der Minimum-Input-Selbsterhaltungsstrategie ist die nachhaltige Lebensraumentwicklung, welche im Diskurs der Nachhaltigkeit zu betrachten ist, da eine Selbsterhaltungskommune als Teil des Lebensraumes Ökosystem agiert. 1987 hat die Brundtland-Kommission der Vereinten Nationen die Nachhaltigkeit als Leitbild spezifiziert[6]. Dementsprechend ist die Nachhaltigkeit "eine mit hohen Zuwachsraten des Wirtschaftswachstums verknüpfte Entwicklung, die zugleich die Bedürfnisbefriedigung der gegenwärtigen Generationen bei gleichzeitig nicht eingeschränkten Gestaltungsoptionen der Bedürfnisse künftiger Generationen erlaubt"[7].

---

[6] Vgl. World Commission on Environment and Development (1987) sowie vgl. Renn (2007, S.).
[7] von Hauff / Lingnau / Zink (2008, S. 5).

Für die nachhaltige Zielerreichung sowie methodische Zielbewertung bedarf es situationsbezogener Konkretisierungs- und Operationalisierungsindikatoren[8]. So wurde 1992 auf der Konferenz für Umwelt und Entwicklung der UNCED in Rio de Janeiro ein staatenübergreifender Auftrag zur nachhaltigen Indikatorenentwicklung und gezielten Datensammlung sowie Datenbereitstellung formuliert[9]. Pamme nennt dazu als Grundkontroversen die Vorgehensweise bei der Entwicklung von Leitorientierungen, die Vorgehensweise bei der Umsetzung von Leitideen, die Gewichtung der Nachhaltigkeitsdimensionen und die Bedeutung von intra- und intergenerativer Verteilungsgerechtigkeit. Weiterhin zählen dazu: das Verhältnis von Entwicklung und Nachhaltigkeit, die Gewichtung von Effizienz, Suffizienz und Konsistenz sowie die Rolle des Wirtschaftswachstums.[10] Mit den genannten Grundkontroversen muss sich der Gemeindeentwickler auseinandersetzen, um eine für ihn optimal ausgewogene Lösung finden zu können. In diesem Kontext kann es keine Idealtypische Lösung geben, da jedes Szenario verschieden ausfällt.

Laut Renn fehlt im Hinblick auf die Nachhaltigkeit "eine Soll-Ist-Vergleichsbasis, so dass die Wirkungen der Strategien einfach verpufften [...]"[11]. Analoge Schlussfolgerungen ergeben sich aus den Lokalen-Agenda-21-Prozessen, welche auf Basis einer 15-jährigen Langzeitbetrachtung unterliegen.[12]
Kritisch anzumerken ist der Vollständigkeit halber, dass die vorangestellten Betrachtungen des Kapitels teilweise auf Basis existierender, zumeist entwickelter

---

[8] Vgl. Gehrlein (2004, S. 1).
[9] Vgl. Bundesministerium für Umwelt, Aktionsprogramm der Konferenz für Umwelt und Entwicklung der Vereinten Nationen in Rio de Janeiro (1992, web, S. 301ff) sowie vgl. Pamme (2004, S. 1) sowie vgl. Renn/Deuschle/Jäger/Weimer-Jehle (2007, S. 9).
[10] Vgl. Pamme (2004, S. 10).
[11] Renn/Deuschle/Jäger/Weimer-Jehle (2007, S. 10) sowie Eberhardt Vgl. (2006, S. 57).
[12] Vgl. Eberhard (2006, 57): Wirkungsorientierte Steuerungskonzepte in der Umwelt- und Nachhaltigkeitspolitik. In: GAiA (2006, Nr. 15/1, S. 54-62) sowie BMUB Agenda 21(1992, S. 2f).

Ökonomien beruhen. Für die Entwicklung einer Minimum-Input-Startup-Strategie ergeben sich daraus Ableitungsgrenzen und gleichzeitig auch neue langfristig wirksame Denkansätze. Die Fehler entwickelter Ökonomien sollen nicht erneut gemacht werden.

In Abbildung 1: Felder im perspektivischen Nachhaltigkeits-Dreieck. sind die drei großen Eckpunkte der Nachhaltigkeitsbetrachtung: Ökologie, Ökonomie und Soziales integrierend visualisiert. Alle drei Nachhaltigkeitsaspekte wirken wechselseitig auf Kommunen und Wirtschaftssysteme. Sie sind als Ganzes innerhalb einer Selbsterhaltungskommune zu harmonisieren und in Einklang zu bringen. Eine Ökonomie ohne Ökologie und Soziales ist für die Selbsterhaltung kontraproduktiv. In gleichem Maße verhält es sich aus der Perspektive der anderen Gesichtspunkte Ökologie und Soziales.

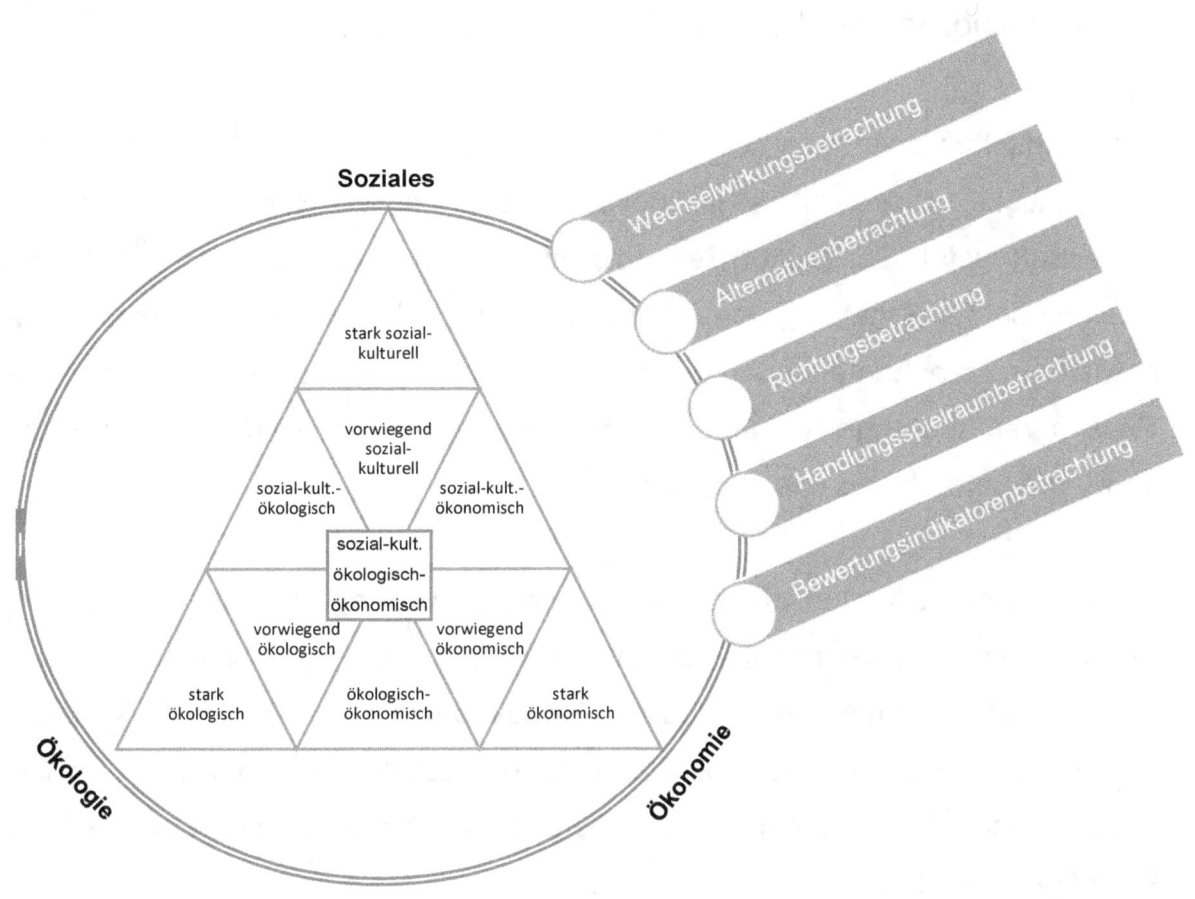

Abbildung 1: Felder im perspektivischen Nachhaltigkeits-Dreieck.[13]

Als Erweiterung für die MIS-Strategie wurden erweiternde Betrachtungsaspekte in der Darstellung integriert. Sie sind insbesondere für die digitalisierte Szenario-Betrachtung förderlich und beziehen sich immer auf die zentralen Bereiche Soziales, Ökologie und Ökonomie. Wechselwirkungen, Indikatoren, Richtungen, Handlungsspielräume und Alternativenbetrachtungen und sind wechselseitig zu untersuchen, um auf praktischer Ebene idealisierte Startup-Lösungen für Selbsterhaltungskommunen entwickeln zu können.

---

[13] Darstellung entnommen aus vgl. Hauff (2008, S. 34) und zu einem systeminteragierenden Nachhaltigkeits-Dreieck erweitert.

1.3. Paradigmenwechsel zur Unterstützung verarmter Regionen

Die wirtschaftliche Wirksamkeit bedarf einer politisch systemverankernden Nachhaltigkeitsstrategie, da das politische System den Rahmen einer geordneten Wirtschaft bietet. So ist laut Renn die Wissensgrundlage Basis für Nachhaltigkeit, welche von der Schaffung von Orientierungswissen, System- und Erklärungswissen sowie dem Transformations- und Handlungswissen abhängig ist. Laut Renn leitet das Wissen Veränderungen ein und ermöglicht die Prüfung der Veränderungswirksamkeit sowie die Betrachtung von Nebeneffekten.[14]

Im Spannungsfeld einer zunehmenden Erdbevölkerung, welche sich in vielfältiger Bedürfnisbefriedigungsnachfrage ausdrückt, kommt es insbesondere zu einem resultierenden Mehrbedarf am Produktionsfaktor Boden. Neben dem Nachfrageanstieg nach Anbau, Abbau- und Nutzflächen, ergibt sich ein Lebens-, Arbeits- und Nutzraummehrbedarf. Dementsprechend lassen sich die folgenden Paradigmenwechsel ausmachen:

- Kurzsichtiges Wirtschaften -> Nachhaltiges langfristiges Wirtschaften
- Verbrauch von Rohstoffen -> Generierung von Rohstoffen
- Rohstoffsuche mit Rohstoffabbau -> Rohstofffreigabe durch Rohstoffanbau
- Standortsuche -> Standortentwicklung

Folge: Es findet ein Wandel, von einer Lebensraum missbrauchenden und gebrauchenden Gesellschaft - hin zu einer Lebensraum fördernden Gesellschaft als abhängiger Teil eines Ökosystems statt.

---

[14] Vgl. Renn/Deuschle/Jäger/Weimer-Jehle (2007, S. 11).

Weiterführend ist ein zentraler Paradigmenwechsel in der Entwicklungshilfe festzustellen. Entwicklungshilfe wird zunehmend als Investition mit Gewinnerzielungsabsicht und weniger als reine Hilfe betrachtet. Daraus resultiert eine Ertragsbeteiligung mit gekoppelter Ertragssteigerungsfürsorge. In diesem Kontext ist eine Aktivitätsverschiebung von vor Ort agierenden Hilfs-Organisationen, welche den Fokus auf soziale Förderung legten, hin zu privatwirtschaftlich, profitorientierten und global agierenden Unternehmen, festzustellen.

Einem Paradigmenwechsel unterliegt zudem die bilaterale staatliche Einflussnahme. Länder wie China treten verstärkt als Partner im Sinne einer ökonomisch wechselseitigen Nutznießung auf. Einerseits werden Rohstoffvorkommen und landwirtschaftliche Flächen bewirtschaftet, andererseits treten diese Partner als Technologielieferanten und Strukturentwicklungshelfer im Rahmen von lokaler Projektförderung auf. Dabei handelt es sich um einen Übergang von der Durchsetzung politischer Überzeugungen (z.B. Demokratie, Menschenrechte, Globalisierung)[15] im Austausch gegen Entwicklungshilfe hin zu einer Kooperation von Partnern zur Befriedigung wirtschaftlicher Interessen, im Austausch gegen lokale Fördermaßnahmen.

Entwicklungshilfe ist jedoch auch kritisch zu betrachten. Im Fall von Afrika ist eine negative Korrelationstendenz zwischen Entwicklungshilfe und privaten Investitionen festzustellen "it is conceivable that aid has weakened private investment in Africa [...]"[16]. Diese zentralen Erkenntnisse müssen zum Umdenken führen und Entwicklungshilfe nachrangig gegenüber privaten Investitionen betrachten. Alternativ muss Entwicklungshilfe langfristig zu privatkapitalisierten Einheiten führen. Die MIS-

---
[15] Vgl. Nuscheler (S. 55) sowie Wehrmann (2011, S. 44f, S. 88f).
[16] Hino/Limi (2008, S. 15, S. 18ff, S. 40).

Strategie greift eine im Endstadium privatfinanzierte Lösung auf und strebt den unabhängigen Selbsterhalt als privatfinanzierte Kommune an.[17]

Innerhalb der Paris Declaration on Aid Effectiveness wurde unter anderem festgestellt: "Aid to Africa has not guaranteed rapid growth and has not contributed significantly to the reduction of poverty or the creation sustainable conditions for economic development."[18]. Daraus erwächst das lokale Bestreben, eine nachhaltige privatwirtschaftliche Investitionspolitik gegenüber einer Global Governance Entwicklungspolitik zu präferieren. Andererseits wurde 2005 in der Paris Declaration und 2008 in der Konferenz in Accra die Stärkung des Global Governance und damit die Stärkung der globalen Zusammenarbeit gegenüber der bilateralen Zusammenarbeit bekräftigt, um im Rahmen der Weltrisikogesellschaft grenzüberschreitenden Risiken effektiver begegnen zu können.[19]

---

[17] Vgl. Wehrmann (2011, S. 103f) sowie vgl. Ndulo/van de Walle(2014, S. 5).
[18] AFRODAD (2007, S. 10).
[19] Vgl. OECD Paris Declaration (2005) sowie vgl. OECD Accra Agenda for Action (2008) sowie vgl. Nuscheler (2012, S. 26ff).

2. Analyse eines rahmensetzenden Worst-Case-Szenarios

In Abgrenzung zu klassischen Anfangsszenarien der Entwicklungspolitik, welche sich durch die Verfügbarkeit von lokal nutzbaren Produktionsfaktoren und die Selektion von optimalen Einsatzgebieten auszeichnen, liegt im vorliegenden Fall eine Worst-Case-Annahme zugrunde – daher, eine in hohem Grade lebensfeindliche und ökonomieabträgliche Umwelt. Der örtliche Entwicklungsbereich kennzeichnet sich durch die noch zu entwickelnden oder hinzuzuführenden Produktionsfaktoren Arbeit, Kapital, Wissen und den unmittelbar nutzfähigen Boden aus. Hinzu kommt bei einer Setup-Phasenbetrachtung der Nebenfaktor Zeit, da sich die Entwicklungsgeschwindigkeit direkt auf alle Produktionsfaktoren auswirkt. Leitmotiv für die Nutzung eines Worst-Case-Anfangsszenarios ist der einsichtige Nachhaltigkeitsgedanke, welcher den Menschen dazu anhält, nichts als gegeben anzunehmen sowie ein Systembewusstseins- und Verantwortungsgedanke, welcher den Menschen als abhängigen, integrierten Teil eines abgeschlossenen, autarken Kreislaufsystems betrachtet.

Auf der Grundlage vorangestellter Basisfaktorannahmen wird in den nachfolgenden Punkten ein realistisches Szenario modelliert, analysiert und zentrale Abhängigkeitsmechanismen dargestellt. Darin einbezogen sind Minimalanforderungen zur Erhaltung und Förderung der Produktionsfaktoren.

2.1. Ausgangsszenario einer autarken Dritte-Welt-Küstenregion

Für die Modellierung eines möglichst praxisnahen Worst-Case-Szenarios sind vorab die Produktionsfaktor-Ausgangslagen einer autarken und verwüsteten Dritte-Welt-

Küstenregion realistisch zu bestimmen. Daran anschließend kann exemplarisch eine Region mit den gegebenen Eigenschaften ausgewählt werden, um darauf aufbauend die MIS-Strategie exemplarisch anwenden zu können.

Der Produktionsfaktor Boden verfügt über keine verwertbaren Rohstoffe, keine unmittelbar nutzbaren Anbauflächen (z.B. Wüste) und kein zugreifbares Süßwasser (z.B. Salzwasser). Weiterhin sind keine ausgebildeten Arbeitskräfte vorhanden und es steht kein für die Produktion unmittelbar nutzbares Wissen über die Region zur Verfügung, da es keine Wissensspeicher gibt. Kapital ist im Ausgangszustand nicht vorhanden.

Da es sich um eine autarke Küstenregion handelt, sind externe Einflussfaktoren nicht im Kontext der Globalisierung bzw. Weltgesellschaft zu berücksichtigen. Dazu zählen globale Interdependenzen bzw. globale Systemrisiken wie z.B. Kriege, transnationaler Terrorismus, globale Gesundheitsrisiken und insb. Pandemien und Instabilität des Finanzmarktes welche u.a. im Kontext einer Risikogesellschaft zu verankern sind.[20] Atypische lokale Vorgänge, wie z.B. Naturkatastrophen sind gesellschaftliche Ausnahmefälle und werden partiell betrachtet, da es um die Entwicklung einer Startup-Strategie geht und weniger um eine allumfassende Katastrophenbetrachtung.

Die obigen Faktoreigenschaften sind durch das nördliche Küstengebiet von Eritrea erfüllt. Eritrea hat einen GNI per capita von nur 1180 EUR und ist damit eines der 10 ärmsten Länder der Welt. Es verfügt im ländlichen Bereich über nahezu kein Investitionskapital und keine Infrastruktur. Gleichzeitig verfügt das Land über ausgeprägte Küstenstreifen sowie eine sich daran zum Landesinneren hin

---

[20] Vgl. Nuscheler (2012, S. 25) sowie vgl. Messner, Scholz (2005, S. 20).

anschließende Wüste. Regionalbetrachtet gibt es in Norderitrea unbesiedelte autarke Gebiete. Die Bevölkerung ist in ländlichen Gebieten nicht sesshaft (z.B. Nomaden).

Weiterhin sind die folgenden Entscheidungsdaten aus dem Jahr 2013 bekannt: HDI-Gesundheitsindex: 0.659, HDI-Lebenserwartung: 60,5 Jahre (Männer) / 65,2 Jahre (Frauen), Geburtensterblichkeit: 52 pro 1000 Lebendgeburten, Kindersterblichkeit unter 5 Jahren: 44%, Gesundheitsausgaben: 2,6% vom GDP, HDI-Einkommensindex: 0.369, Schulbesuchszeit: 4,1 Jahre, Alphabetisierungsrate ab 15 Jahre: 68,9%, GDP per capita (2011 PPP in $): 1180, Veränderung von Forstflächen zwischen 1990 und 2011: -5,8%, auf 'degraded land' lebende Menschen: 58,8%, Mordrate: 17,8 pro 100.000, Bevölkerungswachstum pro Jahr: 3,2%, Urbanisierungsquote: 22,1% urban lebend, Bevölkerungsrate: 6333100[21]

Im Rahmen der Hilfe zur Entwicklung von Dritte Welt-Regionen und insbesondere Afrika, fällt auf, dass die Mehrzahl der Betrachtungen auf politischer[22] und ökonomischer, zunehmend auch auf ökologischer Ebene stattfindet. Die technisch bildende Kontextbetrachtung und damit die realpraktische Lösungsbetrachtung nehmen bis heute einen nachrangigen Stellenwert ein. Eine erfolgreiche Hilfe zur Selbsthilfe ist ohne einen Technologie- und Wissenstransfer in Frage zu stellen.

---

[21] Vgl. United Nations Development Programme (UNDP): Human Development Indicators [Internetzugang: 01.08.2017] URL: http://hdr.undp.org/en/data/map.
[22] Vgl. AFRODAD (S. 19f, 28f).

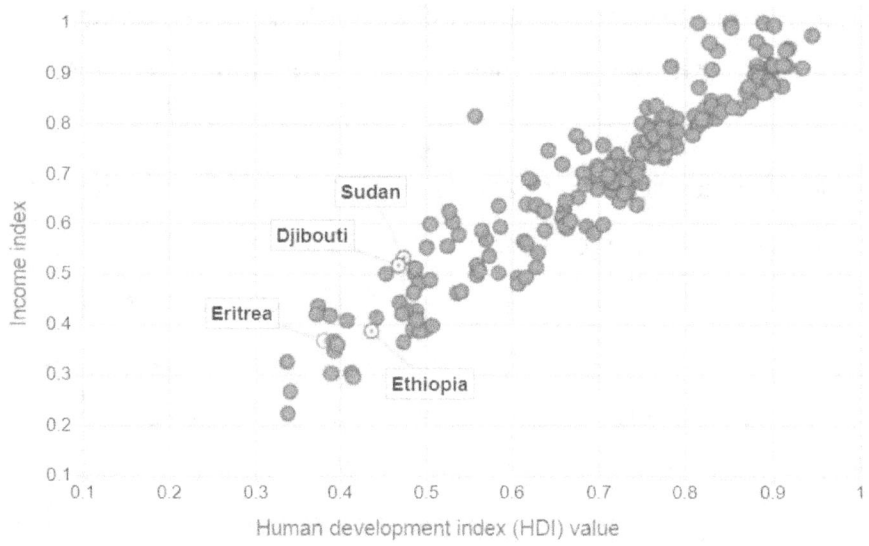

Abbildung 2: der Einkommensindex in Bezug zum HDI[23]

In Abbildung 2: der Einkommensindex in Bezug zum HDI ist Eritrea klar als eines der ärmsten Länder auszumachen. Dargestellt sind zusätzlich die angrenzenden Nachbarstaaten. Das liegt, neben den ökologischen und ökonomischen Problemen, u.a. an der instabilen politischen Situation. Eritrea verfügt derzeit über keinen effektiv handlungsfähigen Staat.

Die geografische Lage von Eritrea geht aus Abbildung 3: Szenario-Planungsregion von Eritrea, hervor. Zu sehen ist ein originaler Screenshot aus der Luft.[24] Zu erkennen ist die Wüste und die unbewohnte Gegend. Exemplarisch wurden zusätzlich geologische Daten beigefügt, welche einen sehr kleinen Ausschnitt aus der benötigen Datenmenge wiederspiegeln.

---

[23] Vgl. United Nations Development Programme (UNDP): Human Development Reports [Internetzugang: 01.08.2017] URL: http://hdr.undp.org/en/data-explorer.
[24] Vgl. Google Maps (2017): Eritrea - Google Maps [Internetzugang: 01.08.2017] URL: https://www.google.de/maps/place/Eritrea.

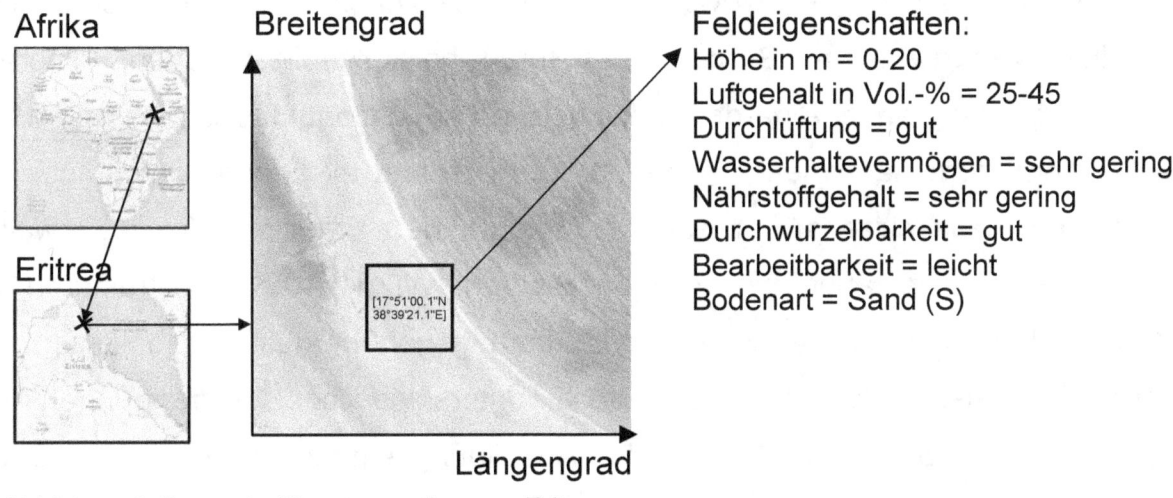
Abbildung 3: Szenario-Planungsregion von Eritrea

2.2. Untersuchung der Erfolgsfaktoren einer Selbsterhaltungskommune

Sozialmenschliche Erfolgsfaktoren

Traditionell steht der Mensch im Mittelpunkt einer Kommune, da es sich um eine Institution von Individuen handelt, welche zum Wohle der Gemeinschaft handeln. Folglich stellt Nowak fest: "I think cities are the expression of human needs and that we have a 'plan' of what a city should be inside us"[25]. Gleichzeitig spricht Nowak das Spannungsfeld, zwischen der Kommune als Investment und der Kommune als Ort menschlicher Bedürfnisse an.[26] Um den mitbestimmenden und partizipierenden Menschen im Mittelpunkt einer Kommune zu verankern, wurden 5 kommunale

---

[25] Rosa/Weiland/Sennett (2013, S. 202). Interview mit Wolfgang Nowak: Initiator des "Deutsche Bank Urban Age Award".

[26] Vgl. Rosa/Weiland/Sennett (2013, S. 202) Interview mit Wolfgang Nowak: Initiator des "Deutsche Bank Urban Age Award".

Initiativprojekte durchgeführt, welche das Ziel eines besseren mitbestimmenden Kommunallebens verfolgen. Nowak stellt dazu fest, dass sich in den betrachteten Modellen wiederkehrende Gemeindestrukturen herausgebildet haben: "There is always a meeting place, a garden, a kitchen, an educational facility; a place where people come together to learn, to teach, to share and exchange experiences and ideas, and to be citizens."[27] Diese wiederkehrenden Strukturen findet Nowak in kleinen Kommunen, aber auch großen Städten. Würden die die Strukturen von geografisch auseinanderliegenden Kommunen gegenübergestellt, so lassen sich große Parallelen erkennen, aber auch unterschiedliche Ausprägungen und Schwerpunkte. Dort, wo bei Nowak eine Ausbildungseinrichtung für den Beruf und die Freizeit steht, da gibt es an anderer Stelle eine Kirche und eine Bibliothek. Weiterhin bestehen Gemeinden aus zentralen oder dezentralen Verwaltung- bzw. Steuereinheiten – abhängig von einer bottom-up bzw. top-down Strategie zur Gemeindeentwicklung.[28]

Ökonomische Erfolgsfaktoren

Unter dem Gesichtspunkt der ökonomischen Ganzheitlichkeit lässt sich feststellen, dass es sich bei einer Selbsterhaltungskommune um ein Produkt mit vielen Teil- und Zwischenprodukten handelt, welches sich selber produktiv durch seine eigenen Produktionsfaktoren erhält und somit als Kreislaufsystem zu verstehen ist. Der Kreislauf und seine Effektivität sind somit erfolgsentscheidende Faktoren.

Ein weiterer Erfolgsfaktor resultiert aus der Bereitstellung von Produktionsfaktoren durch das kommunale Kreislaufsystem. Der Produktionsumfang muss sich im Kontext der Ganzheitlichkeit positiv entwickeln, um die Startup-Phase/Gründungsphase der

---

[27] Rosa/Weiland/Sennett (2013, S. 202) Interview mit Wolfgang Nowak: Initiator des „Deutsche Bank Urban Age Award".
[28] Vgl. Rosa/Weiland/Sennett (2013, S. 204) in einem Interview mit Anthony Williams: "Executive Director of the Global Government".

Kommune zu überwinden. Ab dieser Null-Barriere, welche den Übergang von einer extrinsischen Abhängigkeit - hin zu einer intrinsisch gewährleisteten Unabhängigkeit markiert, könnte von einer sich im Feldtest bewährten Strategie gesprochen werden. "Die unterentwickelten Länder, die Dritte Welt, sind in eine neue Phase eingetreten [...] Diese Dritte-Welt, ignoriert, ausgebeutet, verachtet wie der Dritte Stand, will endlich auch etwas sein."[29]

Kommunale Erfolgsfaktoren

Neben kommunalinternen Erfolgsfaktoren sind kommunalübergreifende Faktoren erfolgsrelevant (z.B. die umgebende Ökosystem- und Strukturentwicklung). Kommunalplanung bedingt eine interagierende Regionalplanung, da die Selbsterhaltungskommune in einem autarken Gebiet von der regionalen Umfeld-Entwicklung, speziell in einem Worst-Case-Gebiet, abhängig ist und als Teil der Region zu betrachten ist. Ohne eine regionalförderliche Entwicklung, kann die Kommune nicht expansiv vor Ort verankert werden, da die Wirksamkeit- und Entwicklung der Produktionsfaktoren von der Entwicklung der Region abhängig ist. Zum Beispiel ist es erforderlich, logistisch notwendige Produktionsstrukturen zu schaffen, um Arbeits- und Betriebsmittel zum Produktions- und Konsumort bewegen zu können, aber auch grundsätzliche soziale menschliche Bedürfnisse befriedigen zu können. Daraus lassen sich die regionalstrategischen Entwicklungsmotive: soziale Gerechtigkeit, Sicherstellung ökologischer Nutzenfunktionen sowie die Eröffnung ökonomischer Entwicklungs-perspektiven ableiten.[30]

---

[29] Le Grand Robert de la Langue Française (deuxième edition) «Les pays sous-développés, le 3e monde, sont entrés dans une phase nouvelle [...] enfin ce Tiers-Monde ignoré, exploité, méprisé commele Tiers-État, veut, lui aussi, être quelque chose.».

[30] Vgl. Vallée, (2012, S. 2) sowie vgl. §1, Abs. 2 Raumordnungsgesetz (ROG) sowie von Hauff/Lingnau/Zink (2008, S. 5,34f).

Um die vorangestellten Entwicklungsmotive erreichen zu können, benennt Valée als Bausteine einer strategischen Regionalplanung die Entwicklungsaufgabe, die Ordnungsaufgabe und die Defizitbetrachtung, um Inhalte festzulegen, zu strukturieren und umzusetzen.[31] Er sieht die strategische Regionalplanung "als zielorientierte, überörtliche, überfachliche, entwickelnde, ordnende, ausgleichende Planung mit Umsetzungsbezug und Wirkungskontrolle [...]"[32]. Gegenüber klassischen Regionalplanungen werden somit prozessuale Elemente und der Umsetzungsbezug stärker betont. Dadurch ergibt sich eine größere Effizienz, Effektivität und Planungsakzeptanz, welche durch strukturierte SWOT- sowie Akteur-Analysen gestützt werden.[33]

Strategien zur Förderung einer Selbsterhaltungskommune implizieren messbare Parameter, welche als vergleichbare digitale values[34] in IO-Analysen verarbeitet werden können. "Environmentally extended IO analysis is well suited to assess the environmental impacts associated with consumption activities [...] identifying the sectors causing those impacts."[35] IO-Tabellen sind eine Möglichkeit der Evaluierung von Umwelteinflüssen auf Gemeinden – vorausgesetzt, dass die Daten konsequent von den Beteiligten bereichsübergreifend gesammelt werden. Die Nutzung von Faktorzuordnungen zu Sektoren, wie sie in Aveiro (Portugal) genutzt worden ist, ist möglich, jedoch für eine ganzheitliche Selbsterhaltungskommunenbetrachtung zu ungenau.[36] Alle untersuchten Entwicklungsprojekte wiesen gleiche Defizite auf. Eine ganzheitliche kommunale Input-Output-Betrachtung ist jedoch Grundlage eines

---

[31] Vgl. Vallée (2012, S. 184f).
[32] Vallée (2012, S. 184f).
[33] Vgl. Vallée (Hrsg.) sowie vgl. (2012, S. 186).
[34] Value = Wert zur Verarbeitung in Datenbanken.
[35] Dias/Lemos/Gabarrell/Arroja (2014, S. 127).
[36] Vgl. Dias/Lemos/Gabarrell/Arroja (2014, S. 127).

glaubhaften Betrachtungsszenarios für eine Selbsterhaltungskommune. Typischerweise behandeln Entwicklungshilfeprojekte kommunale Teilbereiche oder sogar von Gemeinden losgelöste Umweltbereiche.[37]

---

[37] Siehe Tabelle Projekte" im Anhang.

3. Entwicklung einer modularisierten Startup-Selbsterhaltungskommune

Nachdem in Abschnitt 2. Analyse eines rahmensetzenden Worst-Case-Szenarios das Ausgangszenario beschrieben wurde, soll nun daran anschließend die systemische Betrachtung erfolgen, um das Ziel einer out-oft-the-box Selbsterhaltungskommune zu erreichen. Dazu wird die Gemeinde als Ganzes (als übergeordnete Einheit) in Modulteile (Teileinheiten) im Rahmen einer Modulgesellschaft zerlegt, um steuerbar auf Modulebene/Teilchenebene ein komplexes Lösungsgeflecht entwickeln, optimieren und insbesondere duplizieren zu können. Darin sind sowohl gesellschaftliche, wie auch technische Betrachtungen einzubeziehen.

3.1. Das Wesen einer privatwirtschaftlich modularisierten Kommune

Der Begriff Gemeinde kann mehrdeutig verstanden werden. In Abgrenzung zu nicht geographisch verankerten Interessens-Gemeinschaften, geht es bei der MIS-Strategie um Menschen, die ihren Lebensmittelpunkt innerhalb eines geographischen Gebietes haben, welcher der Gemeindeautorität unterstellt ist.[38]

Der Begriff der Modularisierung kommt ursprünglich aus dem Bereich der Software- und Systementwicklung. Im Vordergrund steht die Idee, ein Produkt aus einer festen oder variablen Menge von vorgefertigten, potentiell einsetzbaren Modulen zu kombinieren. Module können ebenso als Teile eines Baukastensystems verstanden

---

[38] Vgl. Chanan/Garratt/West (2000, S. 4).

werden. Die Vorteile liegen in der Produktstandardisierung, Modulstandardisierung, Modulnormung, Moduldegression und Modultypung.

Der Begriff 'Modulgesellschaft' wird vom Autor eingeführt, da er bisher nicht Gegenstand kommunalwissenschaftlicher Betrachtungen war und im Spannungsfeld einer Startup-Selbsterhaltungskommune, innerhalb einer modularisierten Gesellschaft, als systemrelevant, angesehen wird. Die Modulgesellschaft oder auch Baukastengesellschaft wird als kalkulierbare Wirtschafts- und out-of-the-box Gesellschaftsordnung verstanden. Ihr Vorteil liegt in der kostengünstigen Wiederverwendung von kommunalen Baukastenelementen. Module werden zu Clustern vereinigt. So ergibt ein Modulcluster, einschließlich seiner Arbeiter, eine Gemeinde. Gleichzeitig kann es innerhalb eines Moduls Sub- oder Teilcluster geben, welche typischerweise zweckgebunden kooperativ einzusetzen sind (siehe Abbildung 4: Gemeindehauptcluster und Teilcluster . Im Unterschied zu tradierten Gemeindeabteilungen sind Module in jeder Hinsicht standardisiert.

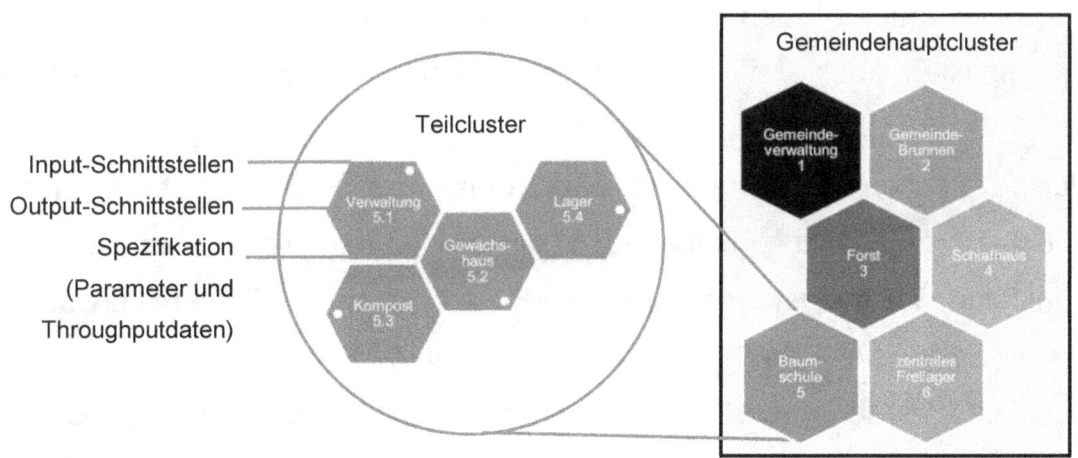

Abbildung 4: Gemeindehauptcluster und Teilcluster [39]

---

[39] Eigene Darstellung. Da die Darstellung fundierenden bzw. herleitenden Charakter besitzt, wurden weitere komplexitätssteigernde Aspekte ausgelassen.

Der Vorteil modularisierter Kommunen ergibt sich u.a. aus der Kosteneinsparung durch Modulstandardisierung, der Zeiteinsprung durch die out-of-the-box-Lösungsbereit-stellung und einer standardisierbaren Modulevaluation mit Modulfaktorrelationierung und Modulwirkungsrelationierung. Daraus ergeben sich standardisierte Anwendungsvor-gänge, wie z.B. der Aufbau, der Abbau, der Umbau, die Nutzung und die Wiederverwendung von Modul-Artefakten bzw. alternativ die Beseitigung. Der Moduleinsatz unterliegt dabei den Prinzipien der Komplexitätsbeherrschung und ermöglicht somit eine vereinfachte Betrachtung, Steuerung und Analyse. Dazu gehören die Komplexitätsreduktion, die Komplexitätsvermeidung sowie die Komplexitätsverlagerung in Teilmodule oder Modulgruppen.

Einen besonderen Stellenwert nimmt die 'time-to-operate' Variable ein, da die Selbsterhaltungskommune in kürzester Zeit das Ziel einer unabhängigen Selberhaltung erreichen soll. Hinzufügend sei bemerkt, dass auch die Zeit bis zur kommunalen Gründung ebenso zu minimalisieren ist. Gleichzeitig fallen die Fehlleistungskosten durch den Einsatz standardisierter und somit geprüfter Module.

Die Modulspezifikation setzt eine Faktorstandardisierung voraus. Dabei sind für den Produktionsfaktor Arbeit u.a. Rollen und Anforderungsprofile zu definieren. Der Produktionsfaktor Wissen ist innerhalb des Moduls u.a. durch Wissensverwaltungs-standards und eine Strukturbeschreibung näher zu bestimmen. Zum Produktionsfaktor Boden gehört die standardisierte Betrachtung von Eigenschaften und Verhaltensweisen. Der Produktionsfaktor Kapital ist innerhalb des Moduls durch eine standardisierte und quantifizierte Kapitalbindung gekennzeichnet. Die Zeit als Sonderfaktor ist an den restlichen Faktoren oder modulübergreifend zu verankern. Zu den modulübergreifenden Standards gehören regelbasierte Einheitsschnittstellen bzw. Kopplungsstandards. So besteht auch die Möglichkeit Module als Cluster mit gesteigerter Produktivität zu verwenden.

5-Ebenenfaktormodul (siehe Abbildung 5)

Jedes Gemeindemodul definiert sich mind. durch die eingesetzten Produktionsfaktoren, welche in Summe das 5-Ebenenfaktormodul beschreiben. Die Summe aller Teilmodule resultiert additiv im Gemeindehauptmodul. Ein Hauptmodul 'Baumschule' könnte z.B. aus den Teilmodulen Verwaltung, Gewächshaus, Kompost und dem Lager bestehen. Jedes dieser Teilmodule ist wiederum ein 5-Ebenenfaktormodul und ist somit durch Moduleigenschaften gekennzeichnet. Die Summe aller 'values' der Eigenschaften ergibt die value-Zuordnung im Hauptmodul. Alle Faktoraufwendungen des Hauptmoduls Baumschule werden folglich auf die Teilmodule aufgeteilt. Weiterführende Überlegungen bzw. Analysen sind in der Feldforschung anzustellen.

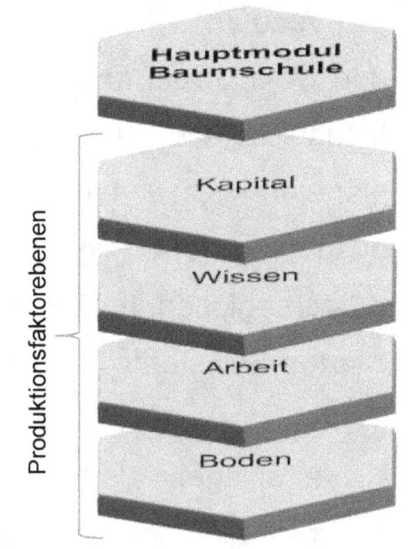

Abbildung 5: Modulteilbetrachtung[40]

Der gegebene Modularisierungsansatz führt zu der Fragestellung nach den minimal notwendigen Startup-Modulen zur Aktivierung einer autarken Selbsterhaltungskommune. Daraus sind kommunalwirksame Modulteile ableitbar.

---

[40] Eigene Darstellung.

Hinweise auf sich selbsterhaltende vorstrukturierte Kommunen liefern u.a. mittelalterliche Klosteranlagen, amerikanische Siedlungen nach der Entdeckung Amerikas 1492, afrikanische Stammesgemeinschaften sowie geplante planetare Stationen. Planetare Stationen werden nicht weiter betrachtet, da ihr Fokus auf der Lösung folgender Probleme liegt: "Gravity [...] Internal air pressurization [...] Shielding [...] Vacuum [...] Dust [...] Ease of construction [...] Use of local materials".[41] Es geht dort weniger um funktionierende Wirtschaftskreisläufe und mehr um die Frage des technisch Mach- bzw. Finanzierbaren sowie der Frage des Transportes zu den planetaren Stationen.[42] Zudem ist der Level des Technologiegrades sehr hoch ausgeprägt und eignet sich nicht für den Einsatz in verarmten Dritte Welt-Küstenregionen. Im Folgenden soll auf Basis einer Bauplan-Strukturbetrachtung ein Startup-Selbsterhaltungs-Gemeindecluster konzipiert werden.

Klosteranlagen sind funktionierende, vorstrukturierte und in sich größtenteils geschlossene Lebens- und Arbeitsgemeinschaften. Auch der Autarkiegedanke spielt bei den Klöstern eine zentrale Rolle, um in Abgeschiedenheit ihren religiösen Lebensanschauen gerecht zu werden (Lob Gottes). Folglich ist der ökonomische, wie auch der Spezialisierungsaspekt von Klöstern unter der Maßgabe der möglichst autarken Eigen- bzw. Armenversorgung zu sehen.[43] Der älteste und bekannte karolingische Klosterbauplan (um ca. 816 bis 837) stammt von der Benediktinerabtei St. Gallen(siehe Anhang 3 und Anhang 4 zur Vertiefung). Er wird als wichtigster Standardklosterplan angesehen – eine Richtprojektvorlage. Er gilt als zentraler Standardbauplan für zu gründende Klöster im Mittelalter und gibt Hinweise auf

---

[41] Benaroya/Ettouney/weitere Mitglieder des Dept. Of Mech. And Aerosp. Engrg. (1992, S. 263).
[42] Mankins (2009, S. 1190f).
[43] Vgl. Schich (S. 231).

typische Planungselemente, welche im Rahmen einer Modulgesellschaft als Module zu verstehen sind.[44]

Der Klosterplan beinhaltet zentrale Elemente für die auf unterschiedlichen Hierarchieebenen stattfindende Bedürfnisbefriedigung der Bewohner, aber auch Besucher bzw. Reisende. Die Zuordnung der Klosterteile zu den Ebenen der Maslowschen Bedürfnispyramide ermöglicht es, lebensnotwendige Gebäude zu separieren. Im Mittelpunkt steht bspw. die Kirche als das größte und zentralste Gebäude. Es ist innerhalb der Ebene der individuellen Selbstverwirklichung zu verorten und somit nicht Bestandteil einer Minimum-Startup-Kommune, da es über physische und basispsychische Anforderungen hinausgeht. Ein Mensch kann grundsätzlich ohne eine Kirche überleben. Die Separation von Klosterteilen führt zu den folgenden abgewandelten minimalistisch notwendigen Gebäuden für die Selbsterhaltung:

Geschützter Schlafsaal, Latrine, Bad, Küche, Vorratsraum, Verwaltungsgebäude, Arztgebäude, Friedhof, Obst- und Gemüsegärten, Tierställe, Werkstätten, Schule. Die Schule wurde aufgeführt, um das Wissen um Erste-Hilfe und die Produktionsvorgänge zu vermitteln und den Erhalt der Teilbereiche so zu ermöglichen. Der Friedhof ist notwendiger kommunaler Bestandteil, um insb. Krankheiten durch Verwesung zu vermeiden. Weiterhin ist die Notwendigkeit der Existenz von Tierställen und gleichzeitig Obst- und Gemüsegärten nicht in vollem Umfang gegeben - da der Mensch grundsätzlich auf Fleisch verzichten kann (z.B. Vegetarier), es jedoch nicht alle möchten.

Werden die genannten und separierten Gemeindeteile nun mit einem afrikanischen Dorf in Beziehung gesetzt, so ist festzustellen, dass es starke Überschneidungen gibt.

---

[44] Vgl. Wagner (1953, S. 1ff), Originalname des Klosterplanes: „Codex 1092". Der Bauplan ist nicht maßstäblich.

Tabelle 1: Mindestbestandteile von Selbsterhaltungsgemeinschaft[45]

Ausgewählte Bestandteile des Klosterplanes von St. Gallen	Gemeindeteile eines traditionellen afrikanischen Dorfes	Betrachtung auf Modulebene: Instanz oder Funktion als Modul
Verwaltungsgebäude	Haus des Stammesältesten	Verwaltungsmodul
geschützter Schlafsaal	Geschützte Behausung	Geschützte Schlafmodul
Latrine	Ausgelagert: Notdurftstelle	Notdurftmodul
Bad	Ausgelagert: Waschstelle	Hygienemodul
Küche	Nahrungsmittel-zubereitungsstelle	Nahrungsmittelzubereitungsmodul
Vorratsraum	Lager	Lagermodul
Arztgebäude	Gebäude des Schamanen	Erste-Hilfe-Modul
Friedhof	Religionsabhängig und zum Teil ausgelagert: Ahnenstätte	Begräbnisstättenmodul
Obst- und Gemüsegarten	Ausgelagert: Natursammelstelle	Obst- und Gemüsemodul
Tierstall	Ausgelagert: Naturjagdstelle	Tiermodul
Werkstatt	Bereichsabhängig und zum Teil ausgelagert: Werk- bzw. Arbeitsort	Werkstattmodul
Schule	Individuell verschieden: Lernort	Bildungsmodul

Die Tabellendarstellung verdeutlicht, dass die Betrachtung auf Gebäudeebene dem Kontext der Gemeindestruktur nicht gerecht wird. Vielmehr ist eine Betrachtung auf Instanz- und Funktionsebene sinnvoll, da Personen z.T. als Lehrer/Stammesälteste oder Ärzte/Schamanen ohne ein nutzengebundenes Gebäude agieren. Gleichzeitig können Funktionen ausgelagert werden oder durch die Natur direkt befriedigt werden. Exemplarisch ist die Latrine zu nennen, welche durch die natürliche Umgebung ersetzt wird. Da die einseitige Einbeziehung der Natur (z.B. als Ort für die Notdurft oder als Ort der Reinigung) nicht der Maßgabe der Ökologie einer Selbsterhaltungskommune gerecht wird, sind der Natur schädigende Auslagerungen zu vermeiden. Es bleiben somit 12 notwendige Moduleinheiten übrig, welche eine Modulkommune bilden. Diese Betrachtung ist im Rahmen einer praktischen Anwendung realwirksam zu überprüfen und ggf. anzupassen.

---

[45] Eigendarstellung.

3.2. Gesellschaftliche Gesichtspunkte und Steuerung

Das Wesen einer ganzheitlichen Selbsterhaltungskommune steht zumindest wechselseitig in Opposition zu ökonomischen, ökologischen und sozialen Zielen. Exemplarisch nennt Knox/Mayer "the conflict between salmon protection and retaining hydropower dams for electricity production. Small towns often find themselves in the middle of such conflicts […]"[46]. Gemeinden obliegt folglich die Abwägung einer Entscheidung im Rahmen eines Entscheidungsspielraumes zwischen abhängigen ökonomischen, ökologischen und sozialen Zielen. Prekär ist insbesondere, dass kurzfristige ökonomisch sinnvolle Entscheidungen sich langfristig ökologisch negativ auswirken können. Daraus ist abzuleiten, dass die Anwendung einer Startup-Strategie eine Langfristbetrachtung voraussetzt, um Entscheidungen nutzenrealistisch treffen zu können und so langfristig die Selbsterhaltung der Kommune zu bewerkstelligen. Kurzfristige Nutzenmaximierung wird gegenüber zukünftigen, in einigen Fällen kaum zu quantifizierenden, Kostensteigerungen präferiert.
Ähnliche Konflikte ergeben sich auf privater Haushaltsebene. So wird die alltägliche Waschmaschinen- und Trocknernutzung gegenüber der Wäschereinigung mit der Hand und der natürlichen Wäschetrocknung an der Luft präferiert.[47] Die Gründe sind unter anderem die Steigerung des Lebensstandards, aber auch der Wille zur kontinuierlichen Produktivitäts- und Wachstumssteigerung.

Ganzheitliche Gemeindestrategien können zur Verantwortungsübernahme auf allen Gemeindeebenen beitragen und die Gemeinde unterstützen. Ziel muss es folglich

---

[46] Knox/Mayer (2013, S. 52).
[47] Ebd. (2013, S. 53ff).

sein: "[…] to prepare a community strategy for promoting the economic, social and environmental well-being of their areas and contributing the achievement of sustainable development […]"[48]. Teil einer solchen Mehr-Level-Strategie sind u.a. die Förderung von nachhaltigeren verantwortungsfördernden Handlungsaktivitäten sowie die Einbindung aller Menschen in ein ganzheitliches nachhaltiges von der Gemeindegröße abhängiges Handeln.[49]

3.3. Einsatz geeigneter Technologien und Verfahren

Effektive Maßnahmen zur Entwicklung und Optimierung von Gemeinden als Teil eines zu entwickelnden Ökosystems erfordern zweckoptimierte Technologien und erprobte Verfahren. Im Folgenden wird auf die zugrundeliegenden Technologie- und Verfahrenshintergründe eingegangen, um daran anschließend die damit einhergehenden Herausforderungen zu verdeutlichen.

Die nachhaltige Einsatzfähigkeit von Technologien und Verfahren
Ein zentrales Problem von Entwicklungsprojekten ist die fehlende Betrachtung von Produktlebenszyklen eingesetzter Technologien bzw. auch Verfahren sowie den damit in Verbindung stehenden Herausforderungen, hinsichtlich der dauerhaften Nutz- bzw. Einsatzfähigkeit von Inputfaktoren. Alle Technologien, die sich nicht selbständig aktualisieren, erhalten, anpassen und fortentwickeln können, unterliegen einem Alterungsprozess. Besonders kritisch ist die Situation bei nicht mehr kompatibler Hard- und Software. Diese Herausforderungen sind bei dem

---

[48] Chanan/Garrat/West (2000, S. 1).
[49] Vgl. Chanan/Garrat/West (2000, S. 21).

kommunalen Aufbau zu berücksichtigen und ggf. unter der Prämisse einer dauerhaften Selbsterhaltung, zu substituieren.

Die angestrebte autarke Kommune soll dauerhaft unabhängig von extern zugeführten Technologien und Verfahren sein. Folglich können nur innerhalb der Kommune replizierbare Technologien und Verfahren eingesetzt werden. Diese Erkenntnis ist substanziell wichtig, da mehrfach afrikanische Entwicklungshilfeprojekte mittel- und langfristig aufgrund defekter oder veralteter Technologien letztlich scheiterten. Beispiele sind Staudammturbinen, Mähdrescher und Pumpen. Das Problem schließt zusätzlich Roh- Hilfs- und Betriebsstoffe ein, welche ebenso innerhalb der Kommune zu gewinnen sind, um den Autarkiestatus erreichen zu können. Denn z.B. ohne Diesel kann kein Traktor die Felder pflügen und ohne das erforderliche Werkzeug für den Austausch von Wasserfiltern, kann keine Wasserreinigung erfolgen. Die Lösung liegt im Low-Tech, welche üblicherweise auf anspruchsvolle Technologien verzichtet und körperliche Arbeit in den Vordergrund stellt. Nachteilig ist jedoch der erhöhte Einsatz des Faktors Arbeit und die verminderte Produktivität. Vorteil ist die einfache Weitergabe von Basiswissen, denn Low-Tech kann traditionell durch Vormachen/Nachmachen gelernt werden.

Geeignete Technologien und Verfahren

Die praktisch einzusetzenden Technologien und Verfahren sind von den Gemeindezielen und den Bedürfnissen der Stakeholder ableitbar. Zentral handelt es sich dabei um Ansatzpunkte für Umweltaspekte, wie z.B. die Wassergewinnung, die Renaturierung, das Recycling und die Bewirtschaftung. Neben diesen Umweltaspekten spielen weitere Bereiche für den Einsatz von Technologien und Verfahren eine herausragende Rolle. Dazu gehören u.a. die Bereiche Wohnen (z.B.

der Hausbau), Gesundheit (z.B. Toiletten, Erste-Hilfe), Produktion (z.B. Produktionsverfahren), Bildung (z.B. Stifte als Technologie) und weitere[50].

Es sei an dieser Stelle auch explizit darauf hingewiesen, dass im Rahmen von Sustainability intelligente Verfahren einzusetzen sind, welche sogar ohne High-Tech auskommen. Intelligente Verfahren sind üblicherweise einfach, schnell einsatzbar und nutzen lokal verfügbare Ressourcen. Beispielsweise haben sich manuelle Verfahren zur Begrünung der Wüste bewährt. Dabei kann auf die Bewässerung z.T. komplett verzichtet werden, da an die Wüste angepasste Pflanzen zum Einsatz kommen und so die Basis zu einer wiederbelebten Pflanzenwelt schaffen. Alternativen zu High-Tech sind technologiearme Strategien (Low-Tech) und technologiefreie Strategien (No-Tech) in Betracht zu ziehen. Aufgrund der geringen Alphabetisierungsrate Eritreas[51] sollten Prinzipien der Einfachheit in Erwägung gezogen werden. Simplicity vereint Strategien für einfache und einfachste Produkte und Dienstleistungen. Das Simplicity-Gesamtprinzip beruht dabei auf den Teilprinzipien: Restrukturierung, Weglassen, Ergänzen, Ersetzen und Wahrnehmen.[52]

Technologieniveau

Ausgehend von dem komplexen Nachhaltigkeitsgedanken und den gegebenen Technologie- und Verfahrensbeständen, ist eine operative Auswahl- und Entscheidungshilfe für die risikoanfällige Kommune vor Ort zu implementieren, welche letztlich in den minimalen Faktoreinsatzmengen resultiert.

---

[50] Vgl. Rosa/Weiland/Sennett (2013, S. 210f).
[51] Vgl. United Nations Development Programme (UNDP): Human Development Indicators [Internetzugang: 01.08.2017] URL: http://hdr.undp.org/en/data/map.
[52] Vgl. Brügger/Hartschen/Scherer (2013, S. 18).

Um dem operativen Nachhaltigkeitsansatz gerecht zu werden, ist es die Aufgabe der Kapitalgeber sowie der Projektverantwortlichen, sich für ein zu implementierendes technologisches Niveau zu entscheiden, da auf verschiedenen Niveaus gleiche Ziele mit unterschiedlicher Dauer zu erreichen sind. Das heißt, das technologische Umgebungsniveau wirkt sich direkt auf die Produktivität und Effektivität aus, wodurch sich wiederum die 'time-to-solution'[53] ableitet.

So ergibt sich ein auf Technologieniveau[54] basierter Entscheidungsspielraum, welcher einen direkten Einfluss auf den minimal notwendigen Gemeinde-Startup-Input hat. Ein hoher zu aktivierender Technologie- aber auch Wissensgrad führt aufgrund der zusätzlich notwendigen Sicherungskosten für den Einsatz von technologischen Mitteln zu höheren Inputstartkosten. Demgegenüber wirkt sich die zeitliche Kosteneinsparung, aufgrund einer verkürzten time-to-solution, positiv auf die Gesamtfaktorkosten aus. Daraus lässt sich ableiten, dass gleiche Faktorgesamtkosten unter der Nutzung unterschiedlicher Technologieniveaus ein gegebenes Problem lösen können.

Diese Startkosten richten sich nicht nach einer einzelnen Technologie, sondern nach allen vorgeschalteten bzw. davon abhängigen Technologien, um eine notwendige Technologie reproduzieren, einsetzen und instand halten zu können. Folglich sind komplette Technologiebäume zu berücksichtigen (siehe Anhang 1 und 2 zur Vertiefung).[55] Im Rahmen des Technologiegrades ergeben sich zusätzlich gekoppelte

---

[53] 'time-to-solution' ist angelehnt an time to market. Dabei geht es um die Zeit bis zur Lösungsfindung für üblicherweise eine fest definierte Problemstellung.
[54] Die Begriffe Technologiegrad, Technologieniveau und Technologielevel werden äquivalent eingesetzt.
[55] Die unterschiedlich strukturierten Technologiebäume geben herleitende Technologieauswahlhinweise. Sie entstammen Computerspielen und sind daher nur partiell übertragbar, verdeutlichen jedoch die Komplexität.

Wissensanforderungen zur Technologiesteuerung und Instandhaltung, welche wiederum den erforderlichen Wissensgrad charakterisieren.

Technologie-Level + Wissens-Level + Einsatzgrad/Einsatzumfang wirken direkt auf den minimalen Startup-Input.

Kommunale Zielniveaus im Einflussbereich des Technologieniveaus

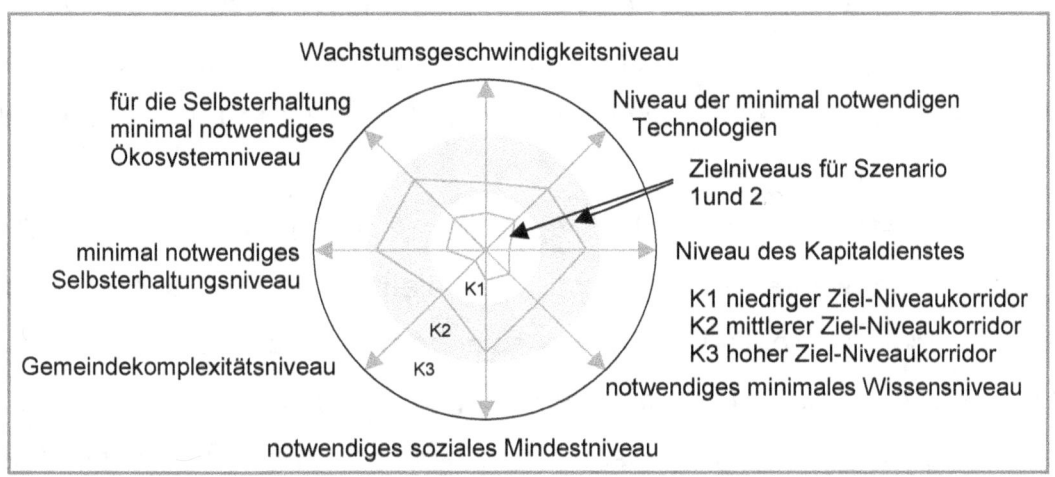

Abbildung 6: Zielniveaus der Startup-Phase einer Selbsterhaltungskommune[56]

In Abbildung 6: Zielniveaus der Startup-Phase einer Selbsterhaltungskommune sind ausgewählte Zielniveauaspekte aufgeführt, welche unmittelbar mit den Inputfaktoren (Arbeit, Boden, Kapital, Wissen und der Randfaktor Zeit) der Startup-Phase gekoppelt sind und sich somit auf den minimal notwendigen Gesamtinput auswirken. Mit Hilfe dieser Niveauübersicht lassen sich auf einer Metaebene grundsätzliche Erkenntnisse für den Technologieeinsatz und deren Auswirkungen ableiten.

Die Niveauübersicht von Abbildung 6: Zielniveaus der Startup-Phase einer Selbsterhaltungskommune zeigt das Zielniveau bzw. das zu erreichende Mindestniveau an, welches notwendig ist, um den Status der kommunalen Selbsterhaltung zu erreichen. Die Differenz zwischen den Mindestniveaus und den gegebenen Anfangs-Szenario-Niveaus sind durch den Startup-Input auszugleichen. Ziel ist dabei ein minimaler Input in Abhängigkeit eines regionalspezifischen

---

[56] Eigene Darstellung. Es sei an dieser Stelle darauf verwiesen, dass nicht alle Aspekte grafisch einbezogen wurden, um die Übersichtlichkeit zu wahren und da einige Ausführungen herleitenden Charakter besitzen. Weitere Zielniveaus sind Szenario abhängig vorstellbar.

Szenarios sowie der zugrundeliegenden Kurz-, Mittel- und Langfriststrategie. Beispielsweise ist für die Gründung einer Mondbasis erheblich mehr Input notwendig, als für die Gründung einer Kommune in Afrika. So sind unter anderem viel Spezialwissen, eine große Menge Kapital und ein großer Arbeitsaufwand notwendig.

Einerseits führen Zielniveaus eines höheren Niveaukorridors (K3) tendenziell zu höheren Inputfaktoren, während Zielniveaus eines niedrigeren Niveaukorridors (K1) tendenziell zu niedrigeren Inputkosten führen, solange das gegebene Zielniveau über dem Ist-Niveau liegt. Der Mittelpunkt der Grafik ist durch das Niveaulevel 0 gekennzeichnet. Ein Zielniveau von 0 ist nicht automatisch irrelevant. Es ist faktisch auf dem niedrigsten vorstellbaren Niveau.[57] In der Grafik ist das Ist-Niveau durch die roten Punkte zu erkennen. Weiterhin fällt auf, dass veränderte Zielniveaus untereinander interagierend wirken und sich gegenseitig positiv, neutral oder negativ bedingen können. Beispielsweise kann die Anhebung des Wachstumsgeschwindigkeitsniveaus unmittelbar zu einer Erhöhung des minimal notwendigen Niveaus von Technologien führen. Möchte eine Kommune sich innerhalb eines Jahres bis zur Selbsterhaltung entwickeln, anstelle von zwei Jahren, so ist das Wachstumsniveau zu steigern. Typischerweise führt ein höheres Technologieniveau (z.B. die Nutzung von Traktoren anstelle von Handflügen) zu Wachstumssteigerungen. Gleichzeitig hat das Technologieniveau Einfluss auf andere Niveaus (z.B. Wissensniveau und Niveau des Kapitaldienstes).

---

[57] Ein Technologieniveau von 0 bedeutet, dass es keine Technologien gibt.

3.4. Expansive Kräfte auf dem Weg zu einer nachhaltigen Output orientierten Selbsterhaltungskommune

Ökonomisches Wachstum beruht auf der Anwendung von Wissen bzw. auch der Entwicklung von Wissen. Haring weist den Zusammenhang von Bildungsgrad und ökonomischer Entwicklung anhand von 89 Ländern nach – darunter 23 Länder aus Afrika.[58] "The highest ratio of education spending is dedicated to the tertiary level which leads to a more rapid return on investment with regard to economic development."[59] In die Bildung investiertes Kapital korreliert positiv mit dem Kapitaleinkommen und somit der ökonomischen Entwicklung. Bezogen auf die Alphabetisierungsquote lässt sich feststellen: "The relationship to per capita income is almost identical to primary enrolment rates [...]"[60]. Weiterhin besteht ein positiver Zusammenhang zwischen dem Bildungsgrad und dem technologischen Stand, da die Nutzung von High-Tech das Wissen zur Bedienung, Entwicklung und Wartung unterstellt. Harting empfiehlt für die systematische Verankerung der Bildung in Ländern Bildungsrichtlinien.[61]

Die Konsequenz aus den Punkten 3.2. Gesellschaftliche Gesichtspunkte und Steuerung und 3.3. Einsatz geeigneter Technologien und Verfahren sowie der gesamtsystematischen Problemstellung, ist die kommunale Notwendigkeit einer mittel- bis langfristigen intrinsischen Wissensbasisentwicklung sowie eines Wissenstransfers zur Erlangung und Sicherung des Autarkiestatus bzw. der dauerhaften extrinsischen Unabhängigkeit.

---

[58] Vgl. Haring (2007, S. 73).
[59] Haring (2007, S. 83).
[60] Haring (2007, S. 84).
[61] Vgl. Haring (2007, S. 126).

Wissensgenerierung – Wissensvermittlung – Wissensanwendung

Der Wissenstransfer ist bereichsübergreifend zwischen dem öffentlichen und privaten Sektor permanent zu implementieren, um das kollektive Systemwissen effektiv nutzen und fortentwickeln zu können. Da es sich bei der Gemeinde um ein spezielles Case-Szenario handelt und somit ein konkretisiertes Problem Gegenstand der Betrachtung ist, kann ein situatives und problemorientiertes Lernen lösungswirksam fungieren. Die Betrachtung kommunalwirksamer Vorgänge und Bestrebungen unter dem Aspekt wechselseitiger Abhängigkeiten und Wirkungsweisen ist in einer nachhaltigen Wissenskommune als systemimmanent anzusehen, da eine strukturelle Kopplungsbetrachtung soziale, ökonomische und ökologische Bedürfnisse in Einklang bringen kann. Teilbereiche sind somit als systemwirksame Strukturen innerhalb des Gesamtsystems 'Kommune' zu verstehen und zu behandeln. Innerhalb einer partizipativen Gesellschaft erschließt sich die Systemsituation verantwortungsanerkennend, wodurch Entscheidungs- und Willensbildungsprozesse aus unterschiedlichen Perspektiven zu betrachten sind.[62]

Das Konzept einer Lehrer-Landwirt-Fortbildung, bei welchem der Lehrer von dem Landwirt praktisch die Landbewirtschaftung erfährt, um später seine Schüler zu unterrichten, ist ein bewährter Beleg für die Wissensvermittlung und integrierte Wissensanwendung. Weiterhin "können Lehrer und der außerschulische Experte innerhalb ihres Systems auch die Funktion eines Koordinators oder Multiplikators wahrnehmen."[63]

---

[62] Vgl. Paschold (2010, S. 8ff) sowie vgl. Siebert (2003, S. 16).
[63] Paschold (2010, S. 9) sowie Siebert (2003, S. 16).

Auf der Ebene der Wissensanwendung zeigen sich neue nachhaltige Wissensstrategien und -Methoden. Im Falle von Worst-Case-Regionen spielt insbesondere das Anwendungswissen, um die weitsichtige Nutzung von Ressourcen sowie die praktische Umsetzung eine zentrale Rolle. Cradle to Crade[64] und Recycling sind dazu zentrale Ansätze, welche speziell innerhalb einer Modulgesellschaft Anwendung finden können, um Faktoreinsatzmengen ressourceneffektiv und nachhaltig zu behandeln.

Cradle To Crade als minimalistischer Nachhaltigkeitsansatz

Ökoeffektivität und 'intelligente Verschwendung' kennzeichnen Cradle to Cradle = von der Wiege zur Wiege, als nachhaltigen und kontrovers diskutierten Ansatz. Neu ist der Standpunkt, dass Ressourcen intelligent 'verschwendet' werden, denn der sogenannte Abfall ist gleich Nahrung für andere Prozesse und Vorgänge. Der Begriff Müll kommt deswegen nicht mehr vor.[65] Damit grenzt sich Cradle to Cradle von Recyclingansätzen ab.

Der Materialfluss in einer Modulgesellschaft kann davon systemisch partizipieren, da alle Moduloutputs und Modulinputs kontinuierlich verfolgt werden. Eine Systemoptimierung durch Materialflusssysteme ist bis hin zur rückstandsfreien Faktorverwendung zumindest theoretisch möglich, wenn alle Outputfaktormengen in einem Kreislauf auf die Inputfaktormengen angerechnet werden können.

Als neues Cradle to Cradle Systembedürfnis gilt ein ausgeglichener rückstandsfreier Faktorkreislauf, vorausgesetzt ein überschüssiger Output von Faktoren ist nicht erwünscht. Braungart/McDonough untermauern ihre Cradle to Cradle Theorie durch biologische Verbrauchskreislaufbeispiele und technische Gebrauchskreislauf-

---

[64] Vgl. Bjørn/Hauschild(2012, S. 3).
[65] Vgl. Braungart/McDonough (2011, S. 36f) alternativ Miller/Vandome/McBrewster (2011, S. 1f).

beispiele im Bereich der Textilindustrie unter Verwendung einer Materialdatenbank.[66] Eine solche Materialdatenbank könnte innerhalb einer Modulgesellschaft unterstützend wirken, da die Moduleinheiten kontinuierlich Inputfaktormengen und Outputfaktormengen transparent darstellen und somit die Netzwerkinteraktion erhöhen. Weiterhin senkt eine Materialdatenbank die Kosten, da Rohstoffe nicht neu gewonnen werden müssen und idealisiert betrachtet, es kaum noch zu ungenutzten Faktormengen kommt.

Den Vorteilen gegenüber existieren auch Nachteile. Praktisch führt ein 'Gebrauchskreislauf' zu signifikant eingeschränkten Diversitäten und somit geringeren Produktpaletten, da sich Module dann im Wesentlichen nach offenen Gebrauchsnutzenkapazitäten richten. Biologische Verbrauchskreisläufe resultieren ebenso in einer Angebotseinschränkung aufgrund von Faktor-Angebotsbeschränkungen. Für eine Minimum-Startup-Kommune überwiegen die Vorteile, da es vorwiegend um die Abdeckung von absolut lebensnotwendigen Bedürfnissen geht, welche keine umfangreiche Alternativ-Produktpallette voraussetzen. Der Einsatz innerhalb eines privatwirtschaftlichen Modulsystems bedingt jedoch eine zentralverwaltende regelbasierte Implementierung und Kontrolle. Privatwirtschaftliche Entwicklungen sind somit zu beschränken.
Weiterführende praktisch fundierte Analysen sind im Zusammenhang mit einer komplexen Cradle-to-Cradle-Gemeinde für eine abschließende Einschätzung notwendig, um den Einsatz alternativloser Technologien und Verfahren zu gewährleisten.

---

[66] Braungart/McDonough (2011, S. 36f u. 50f).

4. Die Minimum-Input-Startup-Strategie

Auf Basis der entwickelten modularisierten Selbsterhaltungskommunenstruktur und der gesammelten gesellschaftlichen Erkenntnisse aus Abschnitt 3, kann mit der Betrachtung der MIS-Strategie begonnen werden. Dazu soll einführend eine Charakterisierung der Strategie durchgeführt werden, um aufbauend darauf den chronologischen Einsatz betrachten zu können. Dabei spielen insbesondere die minimalen Startup-Faktorkosten eine zentrale Rolle, da sie sich auf die anschließend zu betrachtenden Vor- und Nachteile der MIS-Strategie direkt auswirken.

4.1. Charakterisierung der Minimum-Input-Startup-Strategie

Kommunale Gründungsprozesse werden üblicherweise in den Wissenschaften nachrangig betrachtet, da kaum neue Kommunen in der westlichen Welt entstehen. Durch die Urbanisierung kommt es tendenziell sogar zu Eingemeindungen oder der Aufgabe von Kleinkommunen (z.B. in Irland). Somit setzt die Startup-Phase in einem bisher wenig beachteten Bereich an. Durch den Strategieansatz wird die Kommune geplant und der Planentwurf schließlich in die Realität umgesetzt (siehe Abbildung 7).

Schon in der Planungsphase fallen ab dem ersten Tag Inputkosten an, welche jedoch gerade zu Beginn fast zu vernachlässigen sind, da es sich lediglich um Kosten im Zusammenhang mit der Gewinnung von Kapitalgebern handelt. Im weiteren Planungsverlauf wachsen die minimalen Input-Startup-Kosten langsam. Kurz vor der kommunalen Gründung steigen die Kosten dann stark an, da die Gründung unmittelbar bevorsteht und logistische Aufwendungen anfallen, um alle notwendigen out-of-the-box-Dinge in die Zielregion zu transportieren. Nach der Gründung steigen die Inputaufwendungen auf dem höchsten Bedarfslevel für Input-Faktoren an und erreichen zu einem bestimmten Zeitpunkt das Aufwandsmaximum. Der zeitpunktbezogene Faktorverlust wird zu diesem Zeitpunkt am Größten ausfallen. Mit zunehmender kommunaler Entwicklung nähert sich die Gemeinde der Schwelle der Selbsterhaltung. Ab dieser Schwelle werden die Inputaufwendungen idealisiert von den Outputerträgen mind. aufgewogen. Die Sicherungs- und Wachstumsphase sowie die Erweiterungs- und Optimierungsphase sind nicht explizit Bestandteil der Minimum-Input-Startup-Strategie. Sie dienen lediglich der Verortung der Startup-Phase im Gesamtphasenverlauf.

Markante Punkte sind pre-exit-points und post-exit-points, welche als Projekt-Ausstiegsgelegenheiten zu verstehen sind. Post-exit-points sind Ausstiegsgelegenheiten, welche nach dem point-of-no-return liegen und zu erheblich höheren Kosten führen, da die Gemeinde bereits unter großem Input-Einsatz gegründet wurde. Pre-exit-points führen auch zu Aufwendungen, welche jedoch quantitativ deutlich niedriger sind, da sie innerhalb der Planungsphase anfallen und zum großen Teil somit Kosten für theoretische Betrachtungsaufwendungen sowie Kapitalbeschaffungs-aufwendungen anfallen.

In der nachfolgenden Abbildung ist im unteren Bereich der Übergang von Plan-Modulwirtschaft zu einer Privat-Modulwirtschaft vorgesehen. Die Vorteile der zentralen Planwirtschaft werden zu Beginn genutzt. Ziel ist ein möglichst schneller Start durch zentral geplante Module – ein out-of-the-box-Modulkreislauf bzw. eine out-of-the-box-Modulgesellschaft. Um langfristig das freie Entwicklungs- und Forschungspotential ausschöpfen zu können, erfolgt der Übergang zu einem privatwirtschaftlichen Systemansatz, welcher jedoch innerhalb vorgegebener zentralverbindenden Rahmenbedingungen abläuft. Privatwirtschaftliche Module müssen sich folglich in die Modulgesellschaft integrieren lassen.

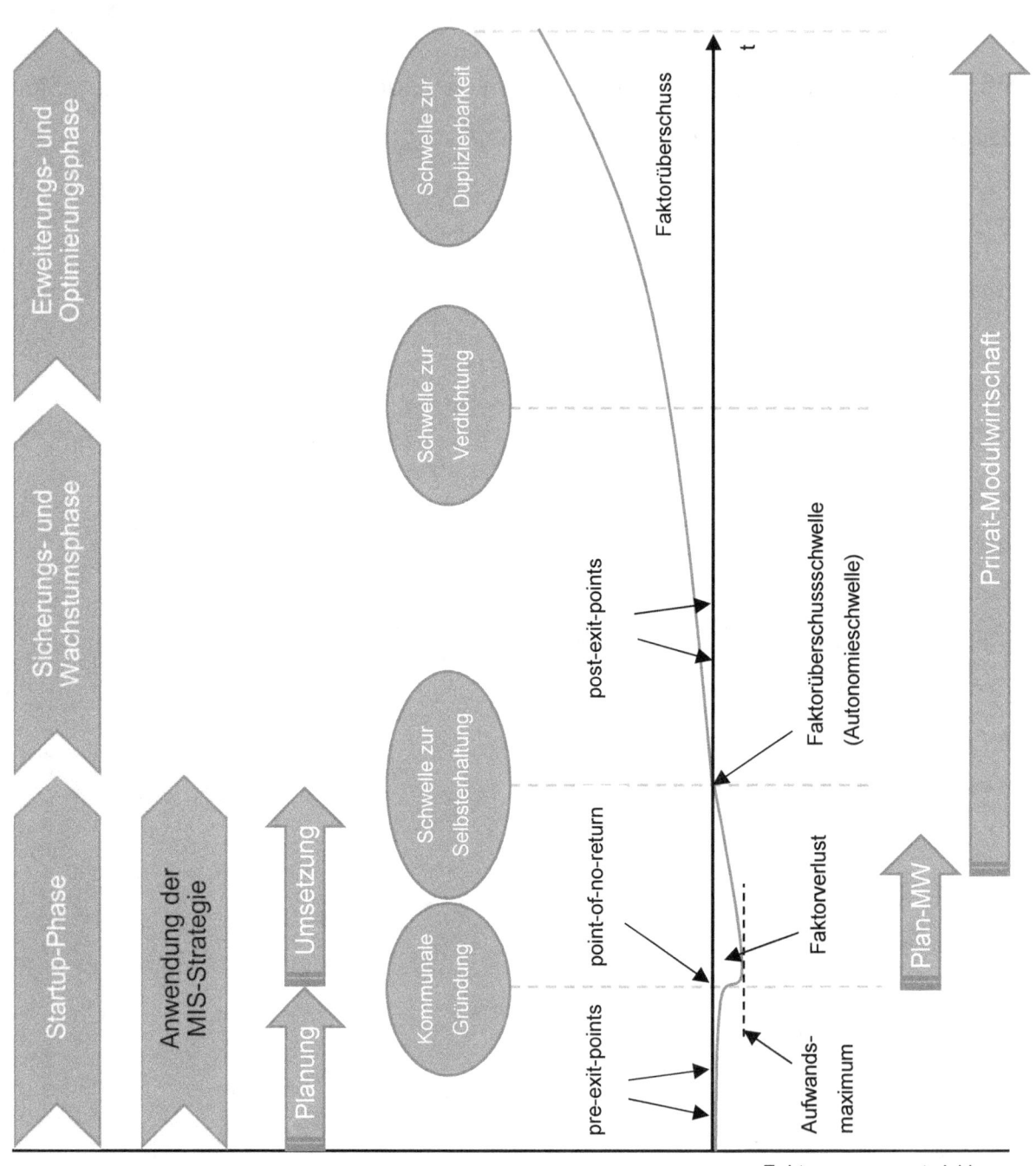

Abbildung 7: Verortung des Einsatzbereiches der MIS-Strategie[67]

---

[67] Eigene vereinfachte Darstellung. Lokale Gegebenheiten und personelle Erfahrungen werden innerhalb der MIS-Strategie aufgegriffen und genutzt. Unberücksichtigt bleiben biologische Wachstumsphasen und jahreszeitliche Einflüsse.

[52]

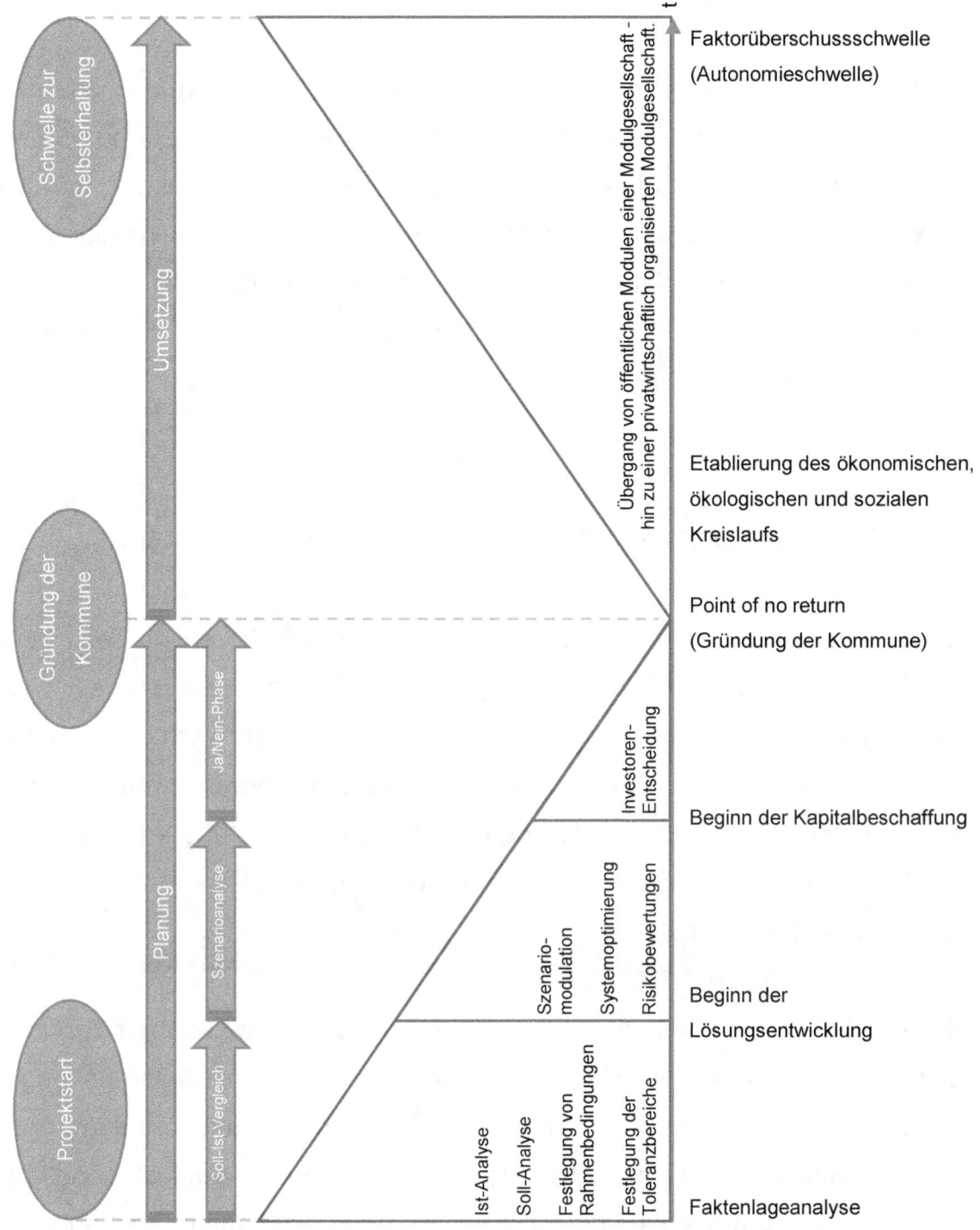

Abbildung 8: Anwendung der MIS-Strategie innerhalb der Startup-Phase[68]

---

[68] Eigene Darstellung.

In Abbildung 8: Anwendung der MIS-Strategie innerhalb der Startup-Phase ist die Minimum-Input-Startup-Strategie-Phase im Detail dargestellt. Ausgehend von einer Ist-Analyse und einem Ziel (Soll-Analyse), erfolgt die Szenario-Modulation, sowie die Moduloptimierung. Alle Szenarien werden bewertet, um Investoren Handlungshilfen an die Hand zu geben. Es folgt schließlich der point-of-no-return (die Gründung der Gemeinde). Ab diesem Punkt entwickelt sich die Gemeinde bis zur idealisierten Autonomie-Selbsterhaltungsschwelle.

4.2. Zeitlich strukturierte Schrittabfolge zur Strategieumsetzung

Die vollständige Erreichung einer sich selbst erhaltenden Kommune setzt zeitlich aufeinander und voneinander abhängige Verlaufsprozesse voraus, welche idealtypisch in der Bedürfnisbefriedigung von Stakeholdern aber auch der Aktivierung von Produktionsfaktoren resultieren. Zu den Stakeholdern gehören primär Investoren, kommunale Mitglieder in unterschiedlichen Positionen, die Natur als Ganzes sowie externe Stakeholder (z.B. Politiker, andere Völker, Touristen), welche hier lediglich von nachrangiger Bedeutung sind.

Die Stakeholder haben unterschiedliche Ziele, hängen jedoch in ihrer Erreichung wechselseitig voneinander ab. Der Mensch kann proaktiv zur Zielerreichung der Stakeholderziele der Natur und seiner eigenen Ziele beitragen, indem er den Lebensraum renaturiert bzw. die Potentiale aktiviert. Voraussetzung ist jedoch, dass alle dazu notwendigen Voraussetzungen erfüllt sind. Er kann dann im Umkehrschluss als Stakeholder von der Natur profitieren und im Sinne einer Selbsterhaltungskommune sich selbst und damit die Kommune erhalten.

[54]

Infolgedessen ist der Mensch, um der menschlichen Handlungsfähigkeit willen, zu fürsorgen.

Auf Produktionsfaktorebene ist die Nutzfähigkeit des Bodens durch den Produktionsfaktor Mensch herzustellen. Dazu ist die Faktoreinsatzfähigkeit, welche sich in der menschlichen Arbeitskraft widerspiegeln, zu gewährleisten.

Die Bedürfnishierarchie von Maslow fungiert als Anforderungsschema für die Reihenfolge zur Sicherstellung von Bedürfnissen, da sie die menschlichen Bedürfnisse klassifiziert (siehe Abbildung 9: Maslowsche Bedürfnishierarchie), welche u.a. zur Erhaltung des Produktionsfaktors Arbeit notwendig sind.

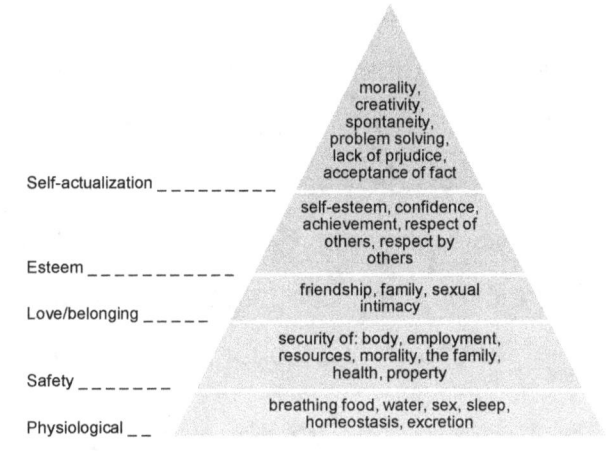

Abbildung 9: Maslowsche Bedürfnishierarchie[69]

Indirekt spiegelt diese Rangfolge von Prioritäten damit die Rang- und Reihenfolge zur Erstellung einer Selbsterhaltungskommune wider. Harrigan/Commons stellen bezüglich der Maslowschen Bedürfnishierarchie zwei Punkte in Frage: "The first is that the satiation of lower stage reinforcement value leads to higher stage reinforcers becoming more salient. The second is the notion that higher stage reinforcers are built out of hierarchical stacks of reinforcement that can be broken down to a set of primary reinforcers."[70] Die Ebenen differieren folglich in ihrer Wertigkeit und untereinander abhängig. Diese Abhängigkeit verstärkt sich in höheren Ebenen. Der Einsatz der

---

[69] Vgl. Maslow (2013, Buchrücken).
[70] Harrigan/Commons (2015, S. 30).

Pyramide für den Startup-Prozess ist dadurch jedoch nicht eingeschränkt, da es ohnehin vordergründig im Startup-Prozess um die Befriedigung von Defizitbedürfnissen geht. Dazu gehören physiologische Bedürfnisse, wie z.B. Essen, Trinken, Wärme usw. sowie Sicherheitsbedürfnisse, wie z.B. Schutz vor Wasser/Kälte/Hitze. Teilweise sind soziale Bedürfnisse auch als Defizitbedürfnisse zu verstehen, da sie die Integration des Menschen in die kommunale Struktur widerspiegeln.[71]

Demgegenüber haben Salado/Nilchiani eine neue Bedürfnispyramide (siehe Abbildung 10: Proposed definition of elegance) dargestellt, welche weniger auf sozialpsychologische Bedürfnisse eingeht und daher weniger nutzbar für die Entwicklung einer Gemeinde ist. Gleichwohl ist die Erstellung von 3 Phasen (Pre-requisites, Operational readiness and effectivness, System of Systems Society) ein zielgerichteter Wirtschaftssystem-Ansatz.[72]

---

[71] Vgl. Maslow (2013, Buchrücken).
[72] Vgl. Salado/Nilchiani (2013, S. 931).

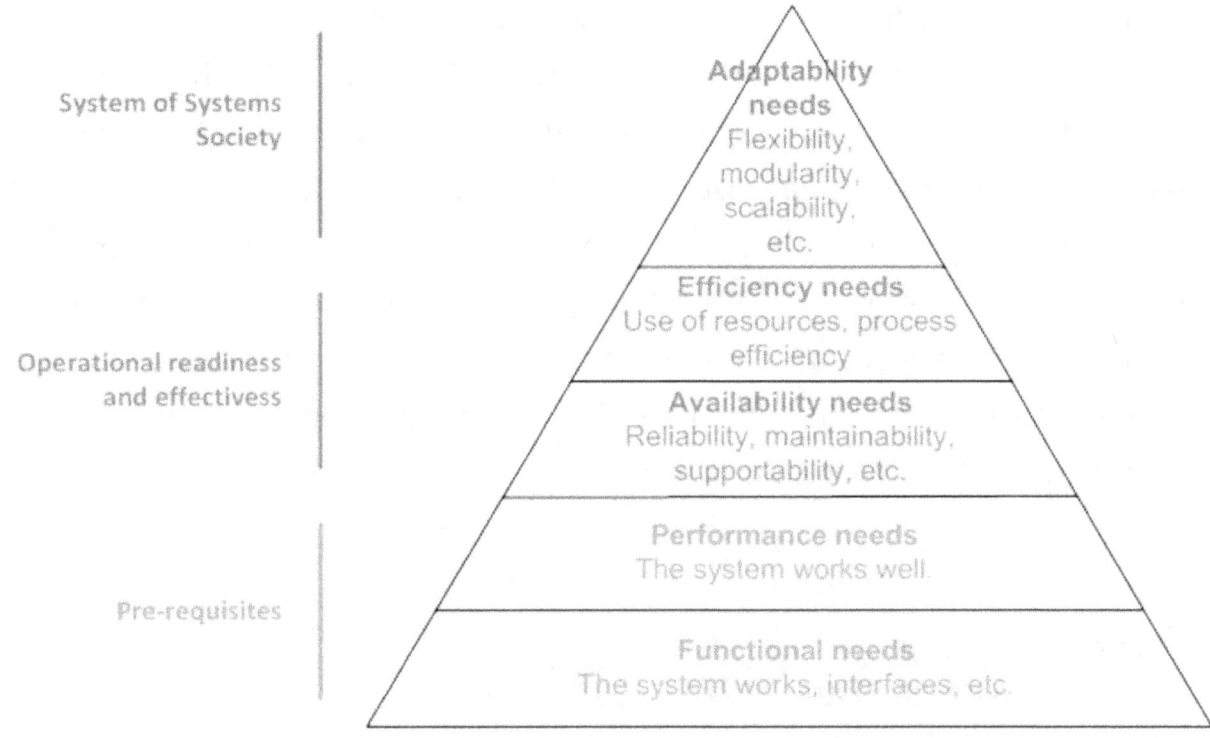

Abbildung 10: Proposed definition of elegance[73]

Die aus den Überlegungen entstandene zeitlich strukturierte Schrittabfolge für die Startup-Phase der Selbsterhaltungskommune ist in Tabelle 2: Ablauf des Aufbaues einer Selbsterhaltungskommune (verkürzt) dargestellt. Für eine weiterführende Betrachtung ist in Anhang 5: Ablauf des Aufbaues einer Selbsterhaltungskommune (ausführlich) die komplette Schrittabfolge enthalten. Nach einer Projekteinstiegsphase, welche in einer Entscheidung für oder gegen die Gründung einer Kommune sowie der Kapitalbeschaffung resultiert, folgen die aufeinander aufbauenden Phasen zur Befriedigung von Defizitbedürfnissen. Die Physiologischen Bedürfnisse spielen dabei die größte Rolle, gefolgt von den Sicherheitsbedürfnissen und den sozialen Bedürfnissen. Alle drei sind von hoher Dringlichkeit und müssen

---

[73] Salado/Nilchiani (2013, S. 931).

folglich zeitnah erfüllt werden. Teilweise überlagern sich die Phasen bei der praktischen Umsetzung, da parallel ablaufende Prozesse möglich und gewünscht sind (z.B. Bau eines Wohngebäudes und Übertragung der Verantwortung). Alle darauf aufbauenden Bedürfnisse sind insbesondere in etablierten Kommunen zu betrachten. Auffällig ist der Wechsel von überwiegend öffentlichen gesamtgemeinschaftlich genutzten Modulen hin zu privatwirtschaftlichen Modulen. Dabei handelt es sich um einen Übergang von einem optimierten schnellwirksamen Startup-Planwirtschaftsmodell hin zu einem sich selbst optimierenden verzögernd wirkenden Startup-Privatwirtschaftsmodell.

Tabelle 2: Ablauf des Aufbaues einer Selbsterhaltungskommune (verkürzt)[74]

Schritt	Vorgang
1	Projekteinstiegs- und Planungsphase
2	Gemeindegründung
3	Kurzfristige Sicherstellung lebensnotwendiger *physiologischer Grundbedürfnisse durch öffentliche Module*
4	Kurzfristige Sicherstellung lebensnotwendiger *Sicherheitsbedürfnisse durch öffentliche Module*
5	Kurzfristige Sicherstellung zentraler *sozialer Bedürfnisse durch öffentliche Module*
6	Mittelfristige Entwicklung des Ökosystems (Pflanzen und Tiere) sowie Aufbau von Kreislaufsystemen *durch öffentliche Module*
7	Übergang zu privatwirtschaftlichen nichtöffentlichen Modulen
8	Erreichung der Selbsterhaltungsschwelle

Kritisch ist anzumerken, dass die Priorität der Aktivierung des Produktionsfaktors Arbeit zumindest partiell den Produktionsfaktor Kapital voraussetzt. Somit steht am Anfang einer zeitlichen Strategieumsetzung die Kapitalbeschaffung, welche im

---

[74] Eigene Darstellung.

vorliegenden Fall nur der Vollständigkeit halber betrachtet wird, da die Kapitalbeschaffungsalternativen nicht zentraler Teil des Master-Themas sind. Eine Selbsterhaltungskommune kann im besten Falle sogar ohne Kapitaleinsatz aufgebaut werden, wenn die Produktionsfaktoren Boden und Arbeit dies ermöglichen.

4.3. Initialisierungsaufwendungen und der Minimum-Input-Faktor

Ausgehend von der zeitlichen Struktur bzw. der Umsetzungsstadien (siehe Tabelle 2: Ablauf des Aufbaues einer Selbsterhaltungskommune (verkürzt) und Tabelle 3: Phasenbezogene Initialisierungsaufwendungen) einer kommunalen Gründung und den Startup-Risiken (siehe Punkt 5. Risiken zur Anwendung einer Minimum-Input-Strategie) entstehen im Rahmen der Startup-Phase Initialisierungsaufwendungen. Diese Aufwendungen ergeben sich anhand verschiedener Einflussfaktoren, welche im Nachfolgenden zu betrachten sind.

Aufwandseffektive Einflussfaktoren wirken direkt oder indirekt, sofort oder verzögert, fix oder variabel auf die Gesamtaufwendungen. Die Aufwandsbetrachtung unterliegt ergänzend der Maßgabe der Quantifizierbarkeit von Aufwendungen. Sozialpsychologisch wirksame Aufwendungen können z.B. nur bedingt in die Betrachtung eingehen. Als Rechnungsperiode liegt die Startup-Phase zugrunde.
Das nachfolgende Aufwandsschema (siehe Tabelle 3: Phasenbezogene Initialisierungsaufwendungen) soll die Zusammensetzung der Aufwandskomponenten exemplarisch verdeutlichen. Das Schema hat nicht den Anspruch auf Vollständigkeit bzw. kann nicht den Anspruch auf Vollständigkeit haben, da der kommunale Entwicklungsprozess dynamisch Aufwandspositionen verändert

und es sich insbesondere um eine Gründungsphase handelt. Kosten für soziale Leistungen oder kulturelle Leistungen sind daher in dieser frühen Entwicklungsphase der Gemeinde nicht einzubeziehen.

Tabelle 3: Phasenbezogene Initialisierungsaufwendungen[75]

Phase	Aufwendung
Projekteinstiegs- und Planungsphase	Aufwendungen für die Projektplanung
	Aufwendungen für die Produktionsfaktorbeschaffung (insb. Kapital)
Gemeindegründung	Gründungsaufwendungen
Gemeindeaufbau	Aufwendungen für den Verwaltungsaufbau der Gemeinde
	Aufwendungen für den Systemaufbau der Gemeinde
	Aufwendungen zur Aktivierung einer Bildungsinstitution
	Aufwendungen zur Aktivierung eines Sicherheits- und Ordnungssystems
	Aufwendungen zur Gewährleistung der Grundbedürfnisse
	Aufwendungen zur Entwicklung des Ökosystems bzw. der Renaturierung
	Aufwendungen zur Aktivierung eines wirtschaftlichen Kreislaufes

Die Gesamtaufwendungen ergeben sich aus den dargestellten Aufwandspositionen in der Tabelle 3: Phasenbezogene Initialisierungsaufwendungen. Zusätzlich umfassen die Gesamtaufwendungen auch die laufenden Aufwendungen innerhalb der Startup-Phase. Es geht somit um Aktivierungsaufwendungen + laufende Aufwendungen + fixe anfallende Aufwendungen. Alle 3 Aufwandskomponenten hängen in ihrer Ausprägung in großem Maße von der kommunalen Größe ab. Zu differenzieren ist zwischen Selbsterhaltungskommunen die mit 50 oder 500 Personen initialisiert werden. Auch der Level des Technologiegrades sowie des vorgefundenen natürlichen Szenarios wirken sich unmittelbar auf die Gesamtaufwendungen aus.

---

[75] Eigene Darstellung.

Auf eine exemplarische Gesamtaufwandsbetrachtung am Beispiel von Eritrea wird an dieser Stelle verzichtet, da sie eine praktische Umsetzung voraussetzt. Eine rein theoretische Beispielbetrachtung ist zwar möglich, bedingt jedoch eine Tiefenplanung mit speziellen geologischen, regionalen und technischen Kenntnissen.

Der Minimum Input-Faktor
Der MI-Faktor spielt im Rahmen des Aufwandes eine zentrale Rolle. Dieser Faktor soll die aufwandsabhängige Gemeindegröße kalkulierbar machen. Der Faktor ist jedoch nicht synonym mit der Bevölkerungsquantität, da u.a. Synergien, Nutzenvorteile und negative bevölkerungsabhängige Einflussfaktoren zu berücksichtigen sind. Es geht somit um die Berücksichtigung von exponentiell wirksamen Einflussfaktoren in Abhängigkeit der Gemeindegröße. Erst auf Basis des MI-Faktors können die effektiven Aufwendungen ansatzweise berechnet werden. Wichtig ist dies besonders für Investoren.

Erfolgsorientierte Kapitalgeber investieren typischerweise in Erwartung und auf Basis eines glaubhaft prognostizierten Ertrages bzw. einer Zukunftserwartung. Mit Hilfe von zeitabhängigen Szenario-Analysen lassen sich Input-Output-Analysen für eine quantifizierbare Ertrags- und Risikovorschau nutzen. Die kommunale Gesamtbetrachtung führt dabei zu einer von unbekannten Faktoren und somit zur Risikominimierung.
Szenarien sind konsistente und plausible Bilder der Zukunft, die ausführlich genug sein müssen, um den Prozess der Entscheidungsfindung zum Abschluss zu bringen. Ein aussagekräftiges Szenario untersucht das kommunale System unter verschiedenen sozialen, ökologischen und technologischen Gesichtspunkten.

Szenario-Planung alleine reicht jedoch nicht aus. 'Szenario-Transformation' führt schließlich zu einem optimierten out-of-the-box-Gemeindebaukasten. „The Five Steps of Transformative Scenario Planning"[76] könnte dabei helfen. Nach der Teambildung und der damit einhergehenden ersten Szenario-Erstellung, folgt im zweiten Schritt die Beobachtung der Vorgänge. Dazu wird zum Teil auf ein zweites Team zugegriffen. Anschließend folgt ein Brainstorming zur Sammlung von theoretisch möglichen Szenario-Fällen. In Schritt 4 wird danach gefragt, was kann und muss gemacht werden. Also welcher der in Schritt 3 gesammelten Fälle soll geplant werden. Letztlich wird das System in den Transformationsprozess überführt.[77] Besonders interessant ist die transformierende Scenario-Planung in Bezug zu langfristig auftretenden ökologischen Veränderungen. Risiken können dadurch frühzeitig abgeschätzt werden und Gegenmaßnahmen können rechtzeitig eingeleitet werden. Lindgren/Bandhold vergleichen eine Vielzahl von Scenario-Methoden und kommen so zu beschreibenden Eigenschaften: u.a. Komplexität und Bandbreitenbeschränkungen, Innovation und Evaluation, langfristig und kurzfristig, Vorschau und Rückschau, planen und lernen, Denker und Entscheider.[78]

Weitere Gesichtspunkte der Aufwandsbetrachtung

Im Rahmen der Aufwandsbetrachtung spielen jedoch weitere Faktoren eine Rolle. Insbesondere unter den Gesichtspunkten gegebener geografischer und ökologischer Umfeldspezifika, wie im Falle einer Wüsten-Küstenregion von Eritrea, eignen sich an die Umgebung angepasste Pflanzen. Besonders Mangroven und Seegrasplantagen haben sich als Salzwasserpflanzen bewährt, um einerseits der Wüstenbildung

---

[76] Kahane (2012, S.23).
[77] Vgl. Kahane (2012, S.24f).
[78] Lindgren/Bandhold (2009, S. 45).

entgegenzuwirken und andererseits Wasser schwankungsanfällige Küstenstrukturen zu stabilisieren.[79]

Im Rahmen der Vorplanung und der laufenden Beobachtungen sind kosteneffiziente Satellitenbilder und Topographiekarten hinsichtlich gegebener Umweltaspekte auszuwerten.[80] Bewährt haben sich die Klassifizierungscluster: "climatic conditions, geomorphologic features of the area, water characteristics, and constructed modifications"[81].

Die exemplarisch gezeigten Klassifizierungscluster dienen der Anordnung von, an den gegebenen Umweltaspekten orientierten, Planmodulen. In Abbildung 11: Exemplarische Startup-Kommune in Eritrea (stark vereinfacht) ist beispielhaft eine mögliche Anordnung dargestellt. Diese vereinfachte Darstellung ist in späteren Entwicklungsstadien standardisiert zu entwickeln und digital darzustellen.

---

[79] Vgl. Howari/Jordan/Bouhouche/Wyllie-Echeverria (2015, S. 55) sowie Kumara/Jayatissa/Krauss/ Phillips/Huxham (2010, S. 545f).
[80] Vgl. Howari/Jordan/Bouhouche/Wyllie-Echeverria (2009, S. 48) sowie Verbesselt/Zeileis/Herold (2011, S. 1).
[81] Howari/Jordan/Bouhouche/Wyllie-Echeverria (2009, S. 48).

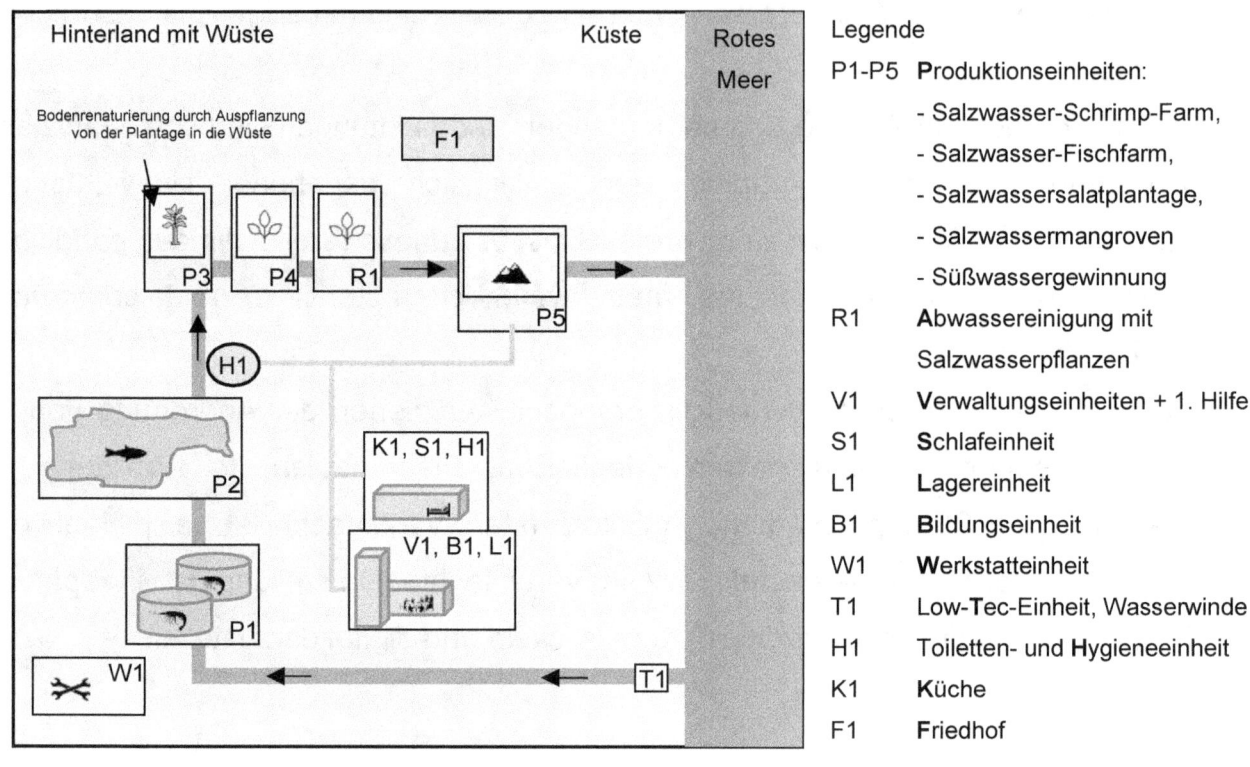

Abbildung 11: Exemplarische Startup-Kommune in Eritrea (stark vereinfacht)[82]

In Abbildung 11: Exemplarische Startup-Kommune in Eritrea (stark vereinfacht), wurde ein möglicher kommunaler und autarker Selbsterhaltungskreislauf, in Anlehnung an das Sea-Water-Farming-Projekt von Carl Hodges - ein real existierender funktionierender Kreislauf, dargestellt. Der Kreislauf enthält alle erforderlichen Startup-Module, die in Tabelle 1: Mindestbestandteile von Selbsterhaltungsgemeinschaft herausgestellt wurden und beginnt unten rechts bei T1. Mit Hilfe der manuellen Wasserwinde gelangt das Salzwasser zu den Schrimp-

---

[82] Eigene Darstellung. Die ökonomische Interaktion basiert teilweise auf dem Forschungsprojekt "greening of Eritrea" von Carl Hodges. Sie wird in zwei Videos erklärt. Carl Hodges (2008): Greening Eritrea (pt.1) [Internetzugang: 01.08.2017] URL: www.youtube.com/watch?v=ZJctrNGr6v0 sowie Carl Hodges (2008): Greening Eritrea (pt.2) sowie [Internetzugang: 01.08.2017] URL: www.youtube.com/watch?v=umLxaKU8Qpo.

und Fischfarmen (P1, P2), um es dort mit Fischexkrementen anzureichern. Der Mensch kann die Schrimps und Fische konsumieren. Das angereicherte Salzwasser gelangt dann zu den Salzwasserplantagen, wo Mangrovenbäume[83] (P3) und andere Salzwasserpflanzen (P4), wie z.B. Salzwassersalat gedeihen. Der Salzwassersalat kann zur Fütterung von Fisch genutzt werden und ist ebenso vom Menschen essbar. Das Modul R1 dient schließlich der Wasserreinigung durch Salzwasserpflanzen. Nach diesem Vorgang ist das Salzwasser sauberer als das Meerwasser. Es kann deshalb nach dieser natürlichen Selbstreinigung im Modul P5 genutzt werden, um Süßwasser zu gewinnen. Zurück bleibt Salz, abgeleitetes sauberes Süßwasser und ein letzter sauberer Teil Salzwasser, welcher direkt ins Meer geleitet wird.

Der komplette Kreislauf kann theoretisch sogar ohne Strom betrieben werden und erfüllt die Bedingungen von Low-Tech! Das exemplarische Beispiel von Abbildung 10 kann sogar noch weiter optimiert werden, indem das Küstenland tiefergelegt wird, um Wasserpumpen einzusparen. Dadurch könnte im besten Falle sogar partiell eine No-Tech-Kommune erreicht werden. Im Projekt von Carl Hodges fließt das Meerwasser bereits erfolgreich ins Landesinnere – ein Indiz für eine Umkehr traditionaler Abläufe. Für den Boden wichtige Minerale und Spurenelemente werden nun zurück an Land transportiert. Solche und andere Renaturierungsverfahren arbeiten überwiegend kosteneffizient und führen oft zum Erfolg. Es ist möglich, die Wüste mit wenig Mitteln zu bepflanzen bzw. zu begrünen.[84] Sobald eine Gemeinde gegründet wurde, kann sie mit der gewünschten ökologisch untermauerten Ausbreitung beginnen. Je größer die Gemeinde wird, desto stärker wirken Synergien.[85]

---

[83] Vgl. Govmdasamy Agoramoorthy (2012, S. 1f) sowie vgl. Chukwamdee/Meepol/Morimune/Matsui (2012, S. 3f).
[84] Vgl. Dardel/Kergoat/Hiernaux/Mougin/Grippa/Tucker (2014, S. 28f) sowie vgl. Tong (2013, S.2f).
[85] Vgl. Andrieu/Vayssières/Corbeels/Blanchard/Vall/Tittonell (2014, S. 84f).

Erst mit der vollständigen Erzeugung eines sich selbst tragenden ökonomischen Kreislaufes, kann die umfassende Aufwandskalkulation als erster Zwischenstand abgeschlossen werden. Der Zwischenstand dient bei weiteren Szenario-Analysen als Ausgangspunkt. Erst eine optimierte Version führt zum endgültigen theoretisch berechneten Gesamtaufwand. Zu berücksichtigen ist schließlich der sogenannte ökologische Fußabdruck, welcher vom Menschen zu verantworten wird. Dieser ökologische Fußabdruck ist als negative Metapher zu verstehen, da der Mensch in alle ökologischen Bereiche vordringt und seine Spuren (seinen Fußabdruck) hinterlässt. Nach Ferng nutzen einige Wissenschaftler zur Berechnung "a vector of land multipliers or a composition matrix of land multipliers – both of which require assumed fixed relationships between a sector's output and its intermediate inputs and production land."[86] Die konzipierte Modulgesellschaft mit den Minimum-Inputs würde die Voraussetzungen zur Berechnung des Ökologischen Fußabdrucks erfüllen. Damit ist ein quantifizierbarer Erfolgsparameter gegeben.

---

[86] Ferng (2009, S. 353).

4.4. Vorteile und Nutzen

Die MIS-Strategie führt im Rahmen einer Startup-Phase strukturiert und planmäßig zu alternativen out-of-the-box Lösungsansätzen, welche unmittelbar in entvölkerten Worst-Case-Regionen umgesetzt, überwacht und angepasst werden können. Alternativ modellierte Szenarien von Selbsterhaltungskommunen können unter dem Gesichtspunkt der Systemdynamik von modellierten Modulen ganzheitlich evaluiert und ausgewertet werden. Die Ergebnisse finden zudem in einem steten Lern- und Optimierungsprozess in zukünftigen Projekten Berücksichtigung. Durch Systemsimulationen kann der Strategieanwender den minimal notwendigen Start-Up-Input für zukünftig geplante Kommunen ermitteln und davon abhängig die Risiken und Potentiale quantifizieren. Des Weiteren ermöglicht die Strategie die Verortung des Menschen und der Umwelt innerhalb eines kommunal vernetzten Modulsystems.

Die vorangestellten Vorteile nutzen letztlich den Stakeholdern einer erfolgreich aktivierten und modularisiert aufgebauten Selbsterhaltungskommune auf unterschiedlichen Ebenen. Der praktische Nutzen der MIS-Strategie liegt in der für den Gründer einer Kommune notwendigen quantifizierbaren Risiko- bzw. Erfolgswahrscheinlichkeit. Der Wagniskapitalgeber kann mittels der Startup-Strategie in einem ersten Simulations- bzw. Bewertungsschritt die Investitionsrisiken abschätzen und zu einer Investitionsentscheidung gelangen. Auch besteht die Möglichkeit, dass Wagniskapitalgeber kontinuierlich systemische Rückmeldungen erhalten. Nach erfolgreicher Systemanwendung partizipiert der Kapitalgeber am Nutzengewinn in Form von Erträgen.

Nützlich ist die Strategie weiterhin insbesondere für den Menschen als Teil einer autarken Selbsterhaltungskommune. Einerseits profitiert er von neu geschaffenen

Wohn-, Arbeits- und Lebensräumen; andererseits partizipiert er von einer Grundversorgung und somit von einer Form der Wohlstandsentwicklung, welche sich auch auf die Bereiche Bildung und Soziales ausweitet. Dazu gehört besonders die Gewährleistung von den Grundbedürfnissen nach Maslow (Abbildung 9: Maslowsche Bedürfnishierarchie), welche in einer Verbesserung von Lebensqualität, Lebenserwartung, Geburtensterblichkeit, Kindersterblichkeit, Analphabetenquote sowie einer steigenden Lebenserwartung resultieren. Die Sicherung der Grundbedürfnisse nützt zudem anliegenden Staaten, da es zu einer Befriedung lokaler Landstriche kommen kann. Einsparungen ergeben sich darüber hinaus für internationale Entwicklungshilfevertreter aufgrund sinkender Hilfsbedarfe.

Der Nutzenvorteil der angewendeten MIS-Strategie für die Natur liegt in der Renaturierung verwüsteter Böden und damit der partiellen Reaktivierung von früheren Naturkreisläufen. So können Pflanzen und Tiere wieder neu angesiedelt werden. Global betrachtet, wirkt sich die Renaturierung zudem positiv auf die Klimabilanz des Planeten aus und stabilisiert somit das Gesamtökosystem Erde.

5. Risiken zur Anwendung einer Minimum-Input-Strategie

Die Minimum-Input-Strategie setzt die "Partizipation der maßgeblichen Stakeholder, insbesondere der kommunalpolitisch Verantwortlichen, der [...] Land- und Forstwirtschaft sowie des Naturschutzes und der Forstwirtschaft zur Sicherung der Transferfähigkeit [...]"[87] voraus. Gleiches gilt für alle Bereiche einer Kommune, so z.B. ebenfalls für den sozioökonomischen Bereich. Damit verbunden ist die "Erarbeitung von Grundlagen für politische Entscheidungen [...]"[88]. Der intrinsische Wille zur Strategieanwendung ist somit u.a. ausschlaggebend für einen Erfolg. Extrinsische Einflussfaktoren, also von außen auf die Kommune wirkend, sind ganzheitlich zu betrachten und dürfen nicht vernachlässigt werden, da sie partiell unkalkulierbar und unvorhersehbar sind.

5.1. Die Selbsterhaltung und externe Einflussfaktoren

Die Selbsterhaltung einer Kommune setzt die unabhängige Erhaltung aller systemrelevanten Teilmodule und deren gegebene Aktivierungs- und Nutzungsfähigkeit voraus. Gleichzeitig bedingt die Selbsterhaltung einer ausgewogenen Kreislaufaktivität, um unbeabsichtigte Modulüberschüsse und Ausschüsse zu vermeiden. Ein kommunales Kreislauf-Ungleichgewicht kann durch externe Einflussfaktoren begünstigt werden. Dazu zählen u.a. kaum beeinflussbare geoklimatische Einflüsse, wie z.B. Naturkatastrophen aller Art sowie überregionalwirksame menschliche Einflüsse. Diese wiederum können in kulturellen

---

[87] Spiecker, Heinrich (2009, S. 4).
[88] Ebd. (2009, S. 4).

Differenzen, religiösen Differenzen, Krieg oder dem Diebstahl von Ressourcen oder Anlagen resultieren. Auch ungewollte Schäden können durch menschliche Einflüsse in Form von übertragenen Krankheiten oder durch das Wanderungsverhalten von Mensch und ihren Tieren entstehen.

Eritrea, aber auch die angrenzenden Länder (Sudan, Äthiopien, Djibouti) sind exemplarische Beispiele für Kriege, politische Einflussnahme und negative klimatische Einflüsse. Der Staat Eritrea und andere Staaten am Horn von Afrika (z.B. Somalia), verfügen lediglich über nahezu wirkungslose staatliche Institutionen. Die Legislative, Exekutive und Judikative sind überfordert oder korrumpiert. Diese Situation ist bei der Gemeindegründung über den Autarkieansatz hinaus zu berücksichtigen.

Je kleiner der kommunale Kreislauf ist, desto anfälliger ist er auch. Kreislaufungleichgewichte können leichter innerhalb größerer kommunaler Systeme ausgeglichen werden. Gleiches gilt für das Ökosystem als Partizipationsraum der Kommune. Unabhängig von der kommunalen Größe sind Risikopuffer strategisch einzukalkulieren.

5.2. Interne Risikofaktoren

Risikofaktoren sind Faktoren, welche potentiell ungewünscht auf die Gemeinde als Teil des Ökosystems wirken. Der Mensch als kommunaler Teil ist in diesem Zusammenhang nicht nur als Produktionsfaktor Arbeit zu betrachten, sondern auch als signifikanter sozialer Wirkfaktor, da sein Wirkungskreis in alle Bereiche wechselseitig ausstrahlt. Das Verhalten des Menschen kann kontraproduktiv, ggf.

auch zerstörerisch ausfallen – eine Zerstörung von innen heraus. Vorsätzliche und nicht vorsätzliche Falschplanungen oder Straftaten haben eine erhebliche Wirkung auf den sozialen und ökonomischen Raum einer Gemeinde. Dabei kann er sich zudem intrinsisch motivieren. Weitere Risikofaktoren sind Verhaltensweisen anderer Lebewesen (Tiere, Pflanzen) sowie andere ökologische Risikofaktoren.

Um diesen Risikofaktoren begegnen zu können, eignen sich lokale Handlungsanweisungen, wie z.B. der für England und Wales konzipierte Local Government Act 2000.[89] Er kann als Anhaltspunkt für eritreische Handlungsanweisungen angesehen werden. Innerhalb dieser Handlungsanweisungen können "Local authority executives [...] und [...] Additional forms of executive"[90] vereinbart werden. Auch religiös-ethische Standards, ausführende Funktionen, welche üblicherweise auf staatlicher Ebene zu verankern sind, können auf lokaler Ebene verankert werden, wenn die Handlungsfähigkeit der Institution Staat eingeschränkt ist oder komplett ausfällt. Lokale Verantwortungsinstanzen sowie deren Handlungsbasis (Verordnungen, Erlasse) und deren Verantwortungsträger, wie z.B. eine Gemeindeverwaltung mit Gemeindevorsteher können eigenverantwortlich festgelegt werden. Eine lokale Gesetz-, Verwaltungs- und Rechtsinstanz (Legislative, Exekutive, Judikative) ist darin inbegriffen. Weitere Gemeindeinstanzen, wie z.B. ein medizinisches Modul sind bedarfsabhängig zu implementieren.

Die Ausprägung von Gemeindeinstanzen partizipiert von der Gemeindegröße. In Afrika zeigt sich dies besonders an entlegenen Dörfern, wo es einen Dorfältesten (Gemeindevorsteher) und einen Schamanen (medizinischer Verantwortungsträger) gibt. Die bildende Gemeindeeinheit wird dort von allen Dorfältesten gleichermaßen

---

[89] Vgl. Parlament des Vereinigten Königreiches (2000, S. i-102) u. Chanan/Garratt/West (2000, S. 1).
[90] Parlament des Vereinigten Königreiches (2000, S. i).

übernommen. Grundsätzlich ist zusätzlich die Möglichkeit einer privatwirtschaftlich gesteuerten Kommune ohne öffentlichen Bereich in Erwägung zu ziehen.

5.3. Übertragbarkeit der Minimum-Input-Strategie

Eine Duplizierbarkeit im Sinne der erfolgreichen Mehrfachanwendung der MIS-Strategie ist gegeben, wenn eine Strategie für die konzipierten Einsatzbereiche erfolgreich an einem anderen Ort und unter den örtlichen Umfeld-Bedingungen angewendet wird. Ziel der vorliegenden MIS-Strategie ist demzufolge die wiederkehrende Anwendung in unterschiedlichen Küstengebieten einer Dritte Welt-Küstenregion. Da die Strategie im Grundsatz den potentiell schwierigsten Szenario-Fall annimmt und von keinerlei unmittelbar nutzbaren Produktionsfaktoren ausgeht, ist davon auszugehen, dass die Strategie auch in Fällen funktioniert, wo Produktionsfaktoren schon vor Ort natürlich nutzbar bzw. verfügbar sind.

Gleichwohl ist zu prüfen, ob die MIS-Strategie auch in anderen Teilen von Afrika eingesetzt werden kann. Im Folgenden soll deshalb anhand von Erfolgsparametern geprüft werden, ob die Übertragbarkeit auf andere Küstenregionen bei abweichenden geologischen Landgegebenheiten möglich ist. Die nachfolgend genannten Erfolgsparameter können die Duplizierbarkeit teilweise untermauern oder widerlegen.

Erfolgsparameter für die strategische Prüfung der Duplizierbarkeit:
- Erreichen des inneren kommunalen Gleichgewichtes (funktionierender Kreislauf)
- Überschreitung der point-of-no-return Schwelle
- Überschreitung der Startup-Input-Schwelle

- Befriedigung von Stakeholder-Bedürfnissen
- Verbesserung anerkannter Wohlstandsindikatoren: HDI-Gesundheitsindex, HDI-Lebenserwartung, Geburtensterblichkeit, Kindersterblichkeit unter 5 Jahren in %, Alphabetisierungsrate ab 15 Jahren in %, Schulbesuch in Jahren, Veränderung von Forstflächen bzw. Bodendegradation[91] Bevölkerungsrate, jährliches Bevölkerungswachstum, Mordrate pro 100.000, Urbanisierungsgrad, GDP per capita, HDI-Einkommensindex[92]

Im Rahmen der Übertragbarkeitsprüfung ist die Einsatzfähigkeit für unterschiedliche Klimazonen, Küstentypen sowie deren unterschiedliche Kombinationsanordnungen durchzuführen. Urbanisierte Küsten bleiben unberücksichtigt, da diese Fälle nicht der Bedingung eines Worst-Case-Szenarios laut dem Punkt 2.1. Ausgangsszenario einer autarken Dritte-Welt-Küstenregion entsprechen. Bestandteil der Übertragbarkeit der MIS-Strategie ist die Nutzung situationsbedingt angepasster Technologien. Ein direkter Vergleich von Region zu Region ist somit nur eingeschränkt möglich.

Weiterführende Betrachtungen vor Ort und in theoretischer Form sind unabdingbar, um die Frage der Duplizierbarkeit restlos klären zu können. Klar ist jedoch, dass bei größerem Input-Einsatz die Erfolgswahrscheinlichkeit steigt, wenn dieser genutzt wird, um Risikopuffer zu bilden. Der Erfolg ist zudem nur dann gegeben, wenn der kommunale Modulkreislauf geschlossen werden kann und sich somit ein Wachstumsprozess in Gang setzt. Weiterhin setzt die Duplizierbarkeit der MIS-Strategie im praktischen Einsatz weitere bereichsübergreifende Erfolgsfaktoren der

---

[91] Bodendegradation: ungewünschte Veränderungsanzeigen der Natur liegen vor: Desertifikation, Bodenerosion, Bodenversalzung, Schadstoffbelastung/Bodenversauerung, Bodenverdichtung/Bodenversiegelung.

[92] Vgl. United Nations Development Programme (UNDP): Human Development Indicators. [Internetzugang: 01.08.2017] URL: http://hdr.undp.org/en/data/map.

Gesellschaftslehre, der Medizin und anderer Bereiche voraus, welche im langfristigen Verlauf wirken.

6. Resümee und Ausblick

Resümee

Ziel war und ist, die Schaffung und ganzheitliche Nutzung neuen Lebensraumes in Koexistenz mit der Natur. Der Autor hat deshalb auf Basis bereichsübergreifend wirkender sozialer, ökonomischer und ökologischer Faktoren eine Minimum-Startup-Strategie entwickelt, um einerseits zerstörte Lebensräume strukturiert zu renaturieren und andererseits diese im Rahmen einer autarken Selbsterhaltungskommune zu besiedeln.

Ein besonderes Augenmerk lag auf der Entwicklung einer Worst-Case-Strategie für Staaten der Dritte Welt und insbesondre dem Staat Eritrea, welcher zu den ärmsten der Welt gehört. Am Beispiel Eritrea konnte exemplarisch gezeigt werden, dass durch Low-Technology Wüstenregionen zu renaturieren, zu ökonomisieren und zu sozialisieren sind. Der damit einhergehenden gesellschaftlichen, wie ökologischen Komplexität wurde innerhalb der Startup-Strategie durch eine sich wandelnde modularisierten Gesellschaft Rechnung getragen. Jedoch nicht nur die einmalige Anwendung der Minimum-Input-Startup-Strategie sollte erreicht werden, sondern ein duplizierbarer Ansatz. Diesem Anspruch wurde der Autor durch den Einsatz von Modulgemeindeclustern gerecht. In diesem Zusammenhang wurde der Begriff ‚Modulgesellschaft' geprägt. Wegweisend waren in diesem Zusammenhang die Betrachtung erprobter Ansätze und daran anknüpfend dauerhaft unabhängig einsetzbare Technologien. Der Autor hat zudem belegt, dass der Faktor Wissen einen wichtigen Stellenwert einnimmt, um Technologien nutzen und erhalten zu können und die globalen vielschichtigen Zusammenhänge.

Am Ende ist kritisch darauf hinzuweisen, dass dem Wunsch nach einer wachsenden Ökonomie, einer funktionierenden Ökologie und einer ethisch gerechten Soziologie, nur gemeinschaftlich begegnet werden kann. So ist die vorliegende Arbeit nur der erste Schritt, um vor Ort in Dritte Weltstaaten etwas zu verändern. Globale wirkende Risiken wurden genannt und sind eklatant. Weiterhin ist kritisch anzumerken, dass die zeitlich-räumliche Komplexität eines gesellschaftlich ökologischen Systems nie zu 100% strategisch geplant werden kann. Ob die vorliegende Minimum-Input-Startup-Strategie zur Aktivierung einer Selbsterhaltungskommune unter schwersten Worst-Case-Bedingungen tatsächlich funktioniert, ist vor allem praktisch zu bestätigen.

Ausblick

Die Minimum-Input-Startup-Strategie bildet im ersten und damit schwierigsten Schritt, den Einstieg zur Erlangung der Autonomieschwelle (Faktorüberschussschwelle). Die vorliegende Arbeit hat im Rahmen einer theoretischen Betrachtung die Grundlagen für den sich daran anschließenden praktischen Einsatz gelegt. Die geplante praxisnahe fallbezogene Anwendung der MIS-Strategie ist somit der nächste Schritt, um eine realexistierende Gemeinde gründen zu können. Die Neugründung führt schließlich zur Gewinnung von Erkenntnissen und somit zur Optimierung, sowohl der Strategie, als auch der Kommune. Dieser Schritt kann nur dann gegangen werden, wenn zumindest die Plankosten, später auch die kompletten Startup-Kosten, durch Investoren oder andere Kapitalgeber übernommen werden. Die Gemeinde als Produktidee und der damit verbundene Entwicklungsplan liegen vor, folglich gilt es Kapitalgeber zu finden und zu überzeugen. Mit dem entsprechenden Kapital kann eine Task-Force, bestehend aus einer Expertengruppe, mit der Planung beginnen.

Parallel ist die vorliegende Datenlage auszuweiten und innerhalb einer Anwendungs-Entwicklungsdatenbank standardisiert abrufbar zu hinterlegen. Das schließt insbesondere die Betrachtung von Erfolgsfaktorabhängigkeiten und somit praxisnahen Technologiebäumen ein. Diese projektförderlichen Tätigkeiten sind jedoch nur durch vernetzte Experten der jeweiligen Fachrichtungen, wie z.B. Geographie, Informatik, Geowissenschaften, Agrarwirtschaft und Wirtschaftswissenschaften durchführbar. Die zu sammelnden Daten tragen zur Risikominimierung und Planbarkeit innerhalb und nach der Startup-Phase bei. Die Sicherung und die weitere Steigerung des Wohlstandes der Kommune sind in darauf aufbauenden Entwicklungsphasen zu erreichen.

Sobald die Strategie erfolgreich angewendet wurde, können Dritte Welt-Küstenregionen überall auf der Welt davon profitieren. Die positiven Implikationen sind dabei vielfältig (siehe Punkt 4.4. Vorteile und Nutzen).

7. Literaturverzeichnis

Benaroya, H./Ettouney, M. (01.07.1992). Design and Construction Considerations for Lunar Outpost. *Journal of Aerospace Engineering, 5, 3*, 261-273. Abgerufen am 12.08.2015 von http://www.digibib.net/permalink/468/EDS/edo:ejs14283896

Harrigan, W. J./Commons, M. L. (2015). Replacing Maslow's Needs Hierarchy With an Account Based on. *Behavioral Development Bulletin, 20, 1*, 24-31.

African Forum and Network on Debt and Development. (2007). *AID EFFECTIVENESS IN AFRICA - A SYNTHESIS.* Harare in Zimbabwe: AFRODAD.

Andrieu/Vayssières/Corbeels/Blanchard/Vall/Tittone. (22.10.2014). From farm scale synergies to village scale trade-offs: Cereal crop residues use in an agro-pastoral system of the Sudanian zone of Burkina Faso. *Agricultural Systems: an international journal, 134*, S. 84-96.

Bjørn, Anders/Hauschild, Z. Michael. (01.04.2013). Absolute versus Relative Environmental Sustainability: What can the Cradle-to-Cradle and Eco-efficiency Concepts Learn from Each Other? *Journal of Industrial Ecology, 17, 2*, 321-332.

Braungart, M. W. (2011). *Einfach Intelligent Produzieren - Cradle to Cradle: Die Natur zeigt, wie wir die Dinge besser machen können* (Bd. 6. Auflage). Berlin: Berliner Taschenbuch Verlag GmbH.

Braungart, Michael/McDonough, William(Hg.). (2011). *Die nächste industrielle Revolution - Die Cradle to Cradle-Community* (Bd. 3. Auflage). Hamburg: EVA Europäische Verlagsanstalt GmbH u. Co. KG.

Brügger, Chris/Hartschen, Michael/Scherer, Jiri. (2013). *simplicity - Prinzipien der Einfachhheit* (Bd. 3. Auflage). Offenbach: GABAL Verlag GmbH.

Bundesministerium für Umwelt, N. B. (01.06.1992). *BMUB Agenda 21.* Abgerufen am 12.08.2015 von http://www.bmub.bund.de/bmub/parlamentarische-vorgaenge/detailansicht/artikel/agenda-21/

C. Mankins, J. (10.03.2009). Stepping stonestothefuture:Achievingasustainablelunaroutpost. *ACTA ASTRONAUTICA, 65, 9-10*, 1190-1195. doi:doi:10.1016/j.actaastro.2009.03.060

Chanan, G. C. (2000). *The New Community Strategies: How to Involve Local People.* London: Community Development Foundation.

Chukwamdee, J./Meepol, W./Morimune, K./Matsui, N. (12.06.2012). Ten Year Evaluation of Carbon Stock in Mangrove Plantation Reforested from an Abandoned Shrimp Pond. *forests, 3, 2*, S. 431-444.

Dardel, C./Kergoat, L./Hiernaux, P./Mougin, E. . (12.06.2014). Re-greening Sahel: 30 years of remote sensing data and field observations (Mali, Niger). *Remote sensing of environment: an interdisciplinary journal, 140*, S. 350-364.

Dias, Ana Cláudia/Lemos, Diogo/Gabarrell, Xavier. (16.04.2014). Environmentally extended input-output analysis on a city scale - application to Aveiro. (E. B.V., Hrsg.) *Journal of Cleaner Production, Heft 75*, 118-129.

Eberhardt, Alfred . (01.03.2006). Ökologische Perspektiven für Wissenschaft und Gesellschaft. *GAIA*, S. 54-62.

edition), L. G. (kein Datum).

Ferng, J.-J. (23.09.2009). Applying input-output analysis to scenario analysis of ecological footprints. *Ecological Economics, 69, 2*, 345-354.

Gehrlein, U. (2004). *Nachhaltigkeitsindikatoren zur Steuerung kommunaler Entwicklung.* Wiesbaden: VS Verlag für Sozialwissenschaften/GWV Fachverlage GmbH.

Govmdasamy Agoramoorthy. (19.03.2012). Planting Mangroves in Mudflats: Is it the Way of the World? *Environmental Science & Technology, 46, 7*, S. 3625-3626. Abgerufen am 12. 08 2015 von http://pubs.acs.org/doi/abs/10.1021/es300923j

Haring, C. (2007). *Education and its Impact on Economic Growth in Developing Countries and Evaluation of National and International Development Strategies: A Panel Data Study.* Marburg: Tectum Verlag.

Hayward, Derek. (01.10.2012). Self Sufficiency - Fact or Fiction. *Social alternatives, 31, 4*, S. 50-52.

Hino, Hiroyuki/Limi, Atsushi. (2008). *Aid Effectiveness Revisited: Comparative Studies of Modalities of Aid to Asia and Africa, Discussion Paper Series No. 218.* Rokko, Kobe: Research Institute for Economics and Business Administration, Kobe University.

Hodges, C. (Produzent), & Hodges, C. (Regisseur). (2008). *Greening Eritrea (pt.1)* [Kinofilm]. Abgerufen am 12. 08 2015 von https://www.youtube.com/watch?v=ZJctrNGr6v0

Hodges, C. (Produzent), & Hodges, C. (Regisseur). (2008). *Greening Eritrea (pt.2)* [Kinofilm]. Abgerufen am 12.08.2015 von https://www.youtube.com/watch?v=umLxaKU8Qpo

Howari, F. M.-E. (01.01.2009). Field and Remote-Sensing Assessment of Mangrove Forests and Seagrass Beds in the Northwestern Part of the United Arab Emirates. *Journal of Coastal Research, 25, 1*, S. 48-56. doi:http://dx.doi.org/10.2112/07-0867.1

Knox, Paul L., Mayer, Heike. (2013). *Small Town Sustainability.* Basel: Birkenhäuser Verlag GmbH.

Kumara, M. P. (01.07.2010). High mangrove density enhances surface accretion, surface elevation change, and tree survival in coastal areas susceptible to sea-level rise. *OECOLOGIA, 165, 2*, S. 545-553. Abgerufen am 2015 von http://dx.doi.org/10.1007/s00442-010-1705-2

Lindgren, M. H. (2009). *Szenario Planning: The link between future and strategy.* Hampshire (UK): Palgrave Macmillan.

Maps, G. (08.12.2015). *Eritrea Google Maps.* Abgerufen am 12.08.2015 von Eritrea Google Maps: https://www.google.de/maps/place/Eritrea/

Maslow, A. H. (2013). *A Theory of Human Motivation.* New York: Merchant Books.

Messner, D. I. (2005). *Zukunftsfragen der Entwicklungspolitik.* Baden-Baden: Nomos.

Miller, F. P. (2011). *Cradle to Cradle Design.* Beau Bassin (Mauritius): Alphascript Publishing.

Ndulo, Muna/van de Walle, Nicolas. (2014). *Problems, Promises, and Paradoxes of Aid: Africa's Experience.* Newcastle upon Tyne (UK): Cambridge Scholars Publishing.

Nuscheler, F. (2012). *Entwicklungspolitik* (7. Auflage Ausg.). Bonn: J. H. W. Dietz Nachf. GmbH.

OECD. (12.08.2015). *Paris Declaration and Accra Agenda for Action - OECD.* Abgerufen am 12.08.2015 von Paris Declaration and Accra Agenda for Action - OECD: http://www.oecd.org/dac/effectiveness/parisdeclarationandaccraagendaforaction.htm

Pamme, H. (2004). *Dissertation: Organisation lokaler Nachhaltigkeit. Beharrung und Wandel auf kommunaler Ebene aus strukturationstheoretischer Sicht.* Duisburg-Essen: Universität Duisburg-Essen.

Parlament des Vereinigten Königreiches. (26.07.2001). *Local Government Act 2000*. Abgerufen am 12.08.2015 von Local Government Act 2000: http://www.legislation.gov.uk/ukpga/2000/22

Paschold, L. (2010). *Kooperation und Fortbildung in Lehrer-Landwirt-Tandems im Kontext einer Bildung für Nachhaltige Entwicklung am Lernord Bauernhof.* Norderstedt: Grin Verlag GmbH.

Renn, O./Deuschle, J./Jäger, A./Weimer-Jehle, W. . (2007). *Leitbild Nachhaltigkeit - Eine normativ-funktionale Konzeption und ihre Umsetzung.* Wiesbaden: VS Verlag für Sozialwissenschaften | GWV Fachverlage GmbH.

Rosa, M. L./ Weiland, U. E. (ED.)/Sennett, R. (2013). *Handmade Urbanism.* Berlin: Jobis Berlin; Auflage Har/DVD.

Salado, Alejandro/Nilchiani, Roshanak. (22.03.2013). Using Maslow's hierarchy of needs to define elegance in system architecture. *Procedia Computer Science, 16*, 927-936. Abgerufen am 12.08.2015 von http://www.digibib.net/permalink/468/EDS/edselp:S1877050913000987

Schich, W. (2004). *Zisterziensische Klosterwirtschaft zwischen Ostsee und Erzgebirge* (Bd. 19). Berlin: Lukas Verlag für Kusnt- und Geistesgeschichte.

Spiecker, Heinrich. (2009). *Neue Optionen für eine nachhaltige Landnutzung - Schlussbericht des Projektes agroforst.* Freiburg: Uni-Freiburg.

Tong, Sim Eng. (01.07.2013). Could greening the desert become a reality? *The Middle East, 445*, S. 52.

United Nations Development Programme (UNDP). (12.08.2015). *Human Development Indicators / Human Development Reports*. Abgerufen am

12.08.2015 von Human Development Indicators / Human Development Reports: http://hdr.undp.org/en/data/map

Vallée, D. (2012). *Strategische Regionalplanung, Forschungs- und Sitzungsberichte.* Hannover: Verlag der Akademie für Raumforschung und Landesplanung.

Verbesselt, Jan/Zeileis, Achim/Herold, Martin. (2011). *Near Real-Time Disturbance Detection in Terrestrial Ecosystems Using Satellite Image Time Series: Drought Detection in Somalia.* Insbruck: University of Insbruck.

von Hauff, Michael/Lingnau, Volker/Zink, Klaus J.(. (2008). *Nachhaltiges Wirtschaften.* Baden Baden: Nomos Verlagsgesellschaft.

Wagner, R. A. (01.12.1953). Der älteste bekannte Bauplan : der karolingische Klosterplan von St. Gallen. *Cementbulletin, 21, 24*, S. 1952-1953. Abgerufen am 12.08.2015 von http://www.digibib.net/permalink/468/EDS/edsoai:edsoai.769748251

Wehrmann, Benjamin. (2011). *Africa's Great Leap Forward? How Chinese Aid And Investment Efforts In Africa Might Reshape The Continent - And Development As A Whole.* Saarbrücken: VDM Verlag Dr. Müller GmbH & Co. KG.

8. Anhang

Anhang 1: Technologiebaum der Wirtschaftssimulation Age of Empires[93]

Stone 12,000 BC	Tool Not Available	Bronze Not Available	Iron Not Available
Granary	Small Wall	Sentry Tower	Guard Tower
	Watch Tower	Medium Wall	Fortification
Town Center	Market	Wheel	
	Domestication	Plough	Irrigation
	Gold Mining		Coinage
	Stone Mining		Siegecraft
	Woodworking	Artisanship	Craftsmanship
	Leather Armor	Scale Armor	Chain Mail
Storage Pit		Bronze Shield	Iron Shield
	Toolworking	Metalworking	Metallurgy
		Government Center	
		Architecture	Ballistics
		Writing	Alchemy
		Nobility	Aristocracy
			Engineering
		Temple	
		Astrology	Afterlife
		Mysticism	Fanaticism
		Polytheism	Jihad
			Monotheism

Legend: Year that marks the beginning of a new Age; Title of the Age; Buildings required for Technology Research; Technologies Represented in different Ages; Divisions of Age; Progression of Buildings; Progression of Technologies

---

[93] Game Studies (2015): Rise of Nations Technology Tree [Internetzugang: 01.08.2017] URL: http://gamestudies.org/articleimages/101_Tech_Tree_AoE_v2.0.jpg?m.

Anhang 2: Technologiebaum der Wirtschaftssimulation Rise of Nations[94]

Technology Categories	Ancient Before 2,000 BC	Classical 2,000 BC	Medieval 501 AD	Gunpowder 1300 AD
Crops			Agriculture	Crop Rotation
Lumber			Carpentry	Logging Industry
Metal				Metal Alloys
Science	Written Word	Mathematics	Chemistry	Laws of Nature
Supply			Forage	
Architecture		Construction		Architecture
Health		Herbal Lore		Medicine
Knowledge			Literacy	Printing Press
Militia		Militia		
Fortification			Fortification	Bombardment
Strategy			Tactics	Operations
Military	The Art of War	Mercenaries	Standing Army	Conscription
Attrition		Allegiance	Oath of Fealty	
Civics	City State	Empire	Feudalism	Divine Right
Religion		Religion		Monotheism
Taxation	Taxation		Vassalage	
Commerce	Barter	Coinage	Trade	Mercantilism

---

[94] Vgl. Game Studies (2015): Rise of Nations Technology Tree [Internetzugang: 01.08.2017] URL: http://gamestudies.org/articleimages/101_Tech_Tree_RoN.jpg?m.

[85]

Anhang 3: Klosterplan von St. Gallen aus dem Jahr 820[95]

---

[95] Darstellung entnommen aus Wagner (1953, S. 3f).

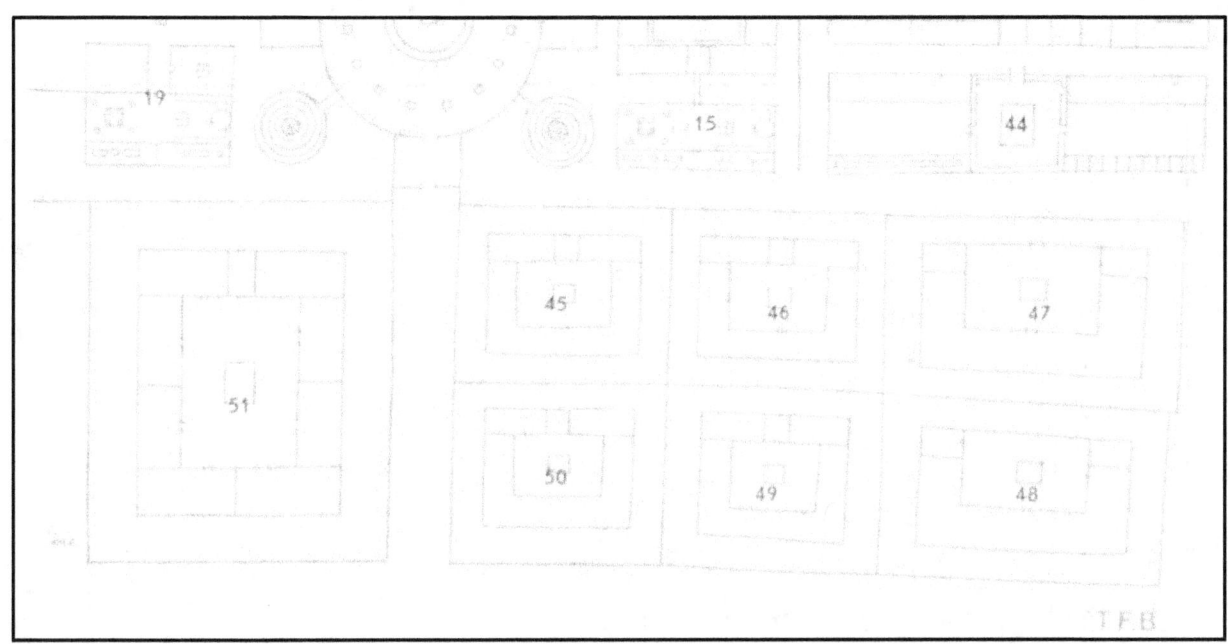

Anhang 4: Klostergebäude von St. Gallen aus dem Jahr 820[96]

1. Kirche
2. Schreibstube, darüber Bibliothek
3. Sakristeien
4. Zubereitungsraum für Oblaten und Öl
5. Kreuzgang
6. Wärmeraum, darüber Schlafsaal
7. Bad
8. Latrinen
9. Refektorium, darüber Garderobe
10. Küche der Mönche
11. Keller, darüber Vorratsraum
12. Sprechraum für Besucher
13. Stube des Herbergverwalters
14. Pilger- und Armenherberge
15. Brauerei und Bäckerei der Pilgerherberge
16. Pförtnerwohnung
17. Wohnung des Schulvorstehers
18. Gasthaus für durchreisende Brüder
19. Brauerei und Bäckerei des Gästehauses
20. Gästehaus
21. Äussere Schule
22. Äbtehaus
23. Aderlasshaus
24. Ärztehaus
25. Kräutergärtlein

---

[96] Darstellung entnommen aus Wagner (1953, S. 3f).

26. Hospital
27. Küche und Bad des Hospitals
28. Doppelkapelle für Hospital und Noviziat
29. Noviziat
30. Küche und Bad des Noviziats
31. Friedhof und Obstgarten
32. Gemüsegarten
33. Gärtnerwohnung
34. Gänsezwinger
35. Wärterwohnung
36. Hühnerzwinger
37. Kornscheune
38. Werkstättten für Goldschmiede, Eisenschmiede, Walker, Kämmerer, Sattler, Schwertfeger, Messerschleifer, Schildner, Drechsler, Gerber, Schneider und Schuhmacher
39. Bäckerei und Brauerei der Mönche
40. Mühle
41. Stampfe
42. Dörranlage
43. Kornhaus und Küferei
44. Stier- und Pferdestall
45. Schafstall
46. Ziegenstall
47. Kuhstall
48. Stuterei
49. Schweinestall
50. Gesindehaus
51. Bestimmung unbekannt

Anhang 5: Ablauf des Aufbaues einer Selbsterhaltungskommune (ausführlich)[97]

Schritt	Vorgang	Verlaufsprozess/Tätigkeit
1	Projekteinstiegs- und Planungsphase	Kapitalbeschaffung für die Planungsphase
		Start der Planungsarbeiten
		Standortbegehung und Datenerhebung
		Spezifizierung der out-of-the-box Lösung
		Durchführung weiterer planungsrelevanter Aktivitäten
		Berechnung der Faktorbedarfe
		Entscheidung für/gegen die Faktorbereit-stellung und somit Gemeindegründung
		Transport des out-of-the-box Startmoduls zum Zielstandort
2	Gemeindegründung	Anlandung am Zielstandort und formale Gründung
3	Kurzfristige Sicherstellung lebensnotwendiger *physiologischer Grundbedürfnisse durch öffentliche Module*: - Nahrungsmittel - Trinkwasser - Schmerzfreiheit - Kälte- und Wärmeschutz - Schlaf	Positionierung und Aktivierung des out-of-the-box Startupmoduls mit Vorräten
		Erstellung einer provisorischen Trinkwassermodul
		Erstellung einer provisorischen Sammelunterkunft
4	Kurzfristige Sicherstellung lebensnotwendiger *Sicherheitsbedürfnisse durch öffentliche Module*: - Schutz vor den Elementen - Schutz vor Tieren	Provisorische Übertragung von Fürsorgeaufgaben (z.B. Erste-Hilfe-Verantwortlicher)
		Ausgrenzung natürlicher Bedrohungen (z.B. Tiere)
		Festlegung von Basis-Regeln/Vorschriften

---

[97] Eigene Darstellung.

5	Kurzfristige Sicherstellung zentraler *sozialer Bedürfnisse durch öffentliche Module*: - Gemeindeverwaltungs-modul	Beginn des Aufbaues von Anker- bzw. Zentralgebäuden
		Implementierung von Gemeindeinstanzen
		Bildung von Berufsgilden bzw. Arbeitsgruppen mit Zugehörigkeitsfunktion - Festlegen der Verantwortlichkeiten für Erste-Hilfe - Festlegung von
		Verortung des Einzelnen in der kommunalen Gesamtstruktur
		Übertragung von Verantwortung an bewerte Mitarbeiter
		Bau privater Rückzugsorte/Unterkünfte
6	Mittelfristiger Aufbau von Kreislaufsystemen *durch öffentliche Module und der Übergang zu privatwirtschaftlichen Modulen*	Umbau des Regelsystems und Übertragung von mehr Verantwortung
7	Erreichung der Selbsterhaltungsschwelle	

→ Neuerscheinung 2018

Die Systematische Intelligenzwirtschaft

als modulares Wirtschaftssystem künstlicher Intelligenzen einschließlich dem Modularen Multi-Agenten-Faktorkreislauf sowie dem Modularen Multi-Agenten-Wachstumskreislauf

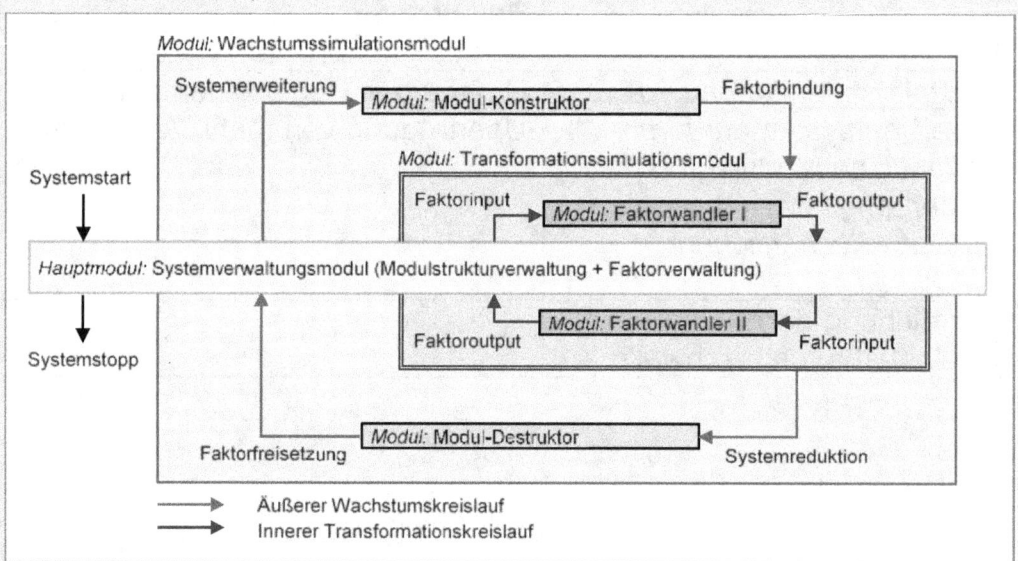

Dipl. WI Alexander Pfannstiel M.Ed.

www.ingramcontent.com/pod-product-compliance
Lightning Source LLC
Chambersburg PA
CBHW082213220526
45470CB00010B/3153